やさしい
超音波振動応用加工技術

鬼鞍 宏猷・神　雅彦

共　著

養　賢　堂

まえがき

　古代の装身具やお守りとして使われていた勾玉（まがたま）は，縄文時代の遺跡から出土しています．この勾玉の穴の加工には，工具として竹が使われ，遊離砥粒として砂粒が使われていたと考えられています．それが刀剣の磨きや金属の研削に進展していき，その後，超音波振動技術の発達に伴って，いわゆる超音波加工（超音波振動遊離砥粒加工）や超音波振動研削につながっていったものと思われます．

　1960年ごろ，元 宇都宮大学教授 隈部淳一郎先生によって創始・創案された超音波振動切削技術は，創始者によって各種切削加工，研削加工，研磨加工など，きわめて広範な加工法に適用されて効果が実証され，現在もなお，たゆみなくその進化を遂げています．

　本書の著者の一人，神 雅彦は，隈部先生の愛弟子の一人であり，宇都宮大学 在学時に指導を受けて以来，超音波振動切削技術の創始者の遺志を汲んでおり，その真髄を修得しております．

　著者の一人，鬼鞍宏猷は，平成8年（1996年）から4年間，社団法人（現在は公益社団法人）精密工学会の「超音波振動加工技術に関する調査研究分科会」を他に先んじて開催するとともに，多くの研究者や技術者との情報交換や討議を重ね，技術の向上や普及に努めてきました．

　また著者らは，平成11年（1999年）から現在まで，公益社団法人 精密工学会の春季・秋季大会でのオーガナイズドセッションで「超音波振動を援用した加工技術」を取り上げて，多くの講演を通じて技術交流や技術のレベルアップを図ってきています．このオーガナイズドセッションの参加者数は延べ1000人

はじめに

以上に達しており，この技術に関心をもち，種々の加工に適用しようという研究者・技術者は少なくないと感じています．最近では，延性・脆性材料の微細加工への適用，キャビテーション応用の穴加工，金型の超精密加工など，新しい展開も見られ，今後の技術の発展が期待されます．

しかし，超音波振動の性質・特徴や発生方法・測定方法，加工に適用する技術，超音波振動装置のトラブル対処法などについての知識や経験が少ない方も多いのではないでしょうか．これらのことを身につけておくと，関連技術を的確に進化させることができますし，問題点の解決も容易になります．

また，「振動をできるだけ排除しようという工作機械に超音波振動を付加するとは何事ぞ」と，超音波振動加工を毛嫌いする方の誤解を解いて理解を深めていただくためにも本書を利用していただければと思っています．

本書は，「超音波振動加工は初めて」という大学や高専などで機械工学・機械加工学・加工技術を学ぶ学生はもちろん，企業や公的研究機関で新材料・難削材の加工に携わる技術者・研究者にも理解しやすいように，超音波振動加工装置の設計・製作・使用・評価などに役に立つ知識やノウハウを平易に解説したつもりです．また，本書の読者の中から，新しい超音波振動加工技術が開発され，あるいはこの技術に携わる方が多く現れることを期待しています．

平成 27 年 早春

鬼鞍 宏猷

目　　次

第 1 章　超音波の基本的な性質と身近な応用例

1.1　自然界に見る超音波 ……………………………………………………………1
1.2　超音波の基本的な性質 ……………………………………………………………3
　1.2.1　気体，液体あるいは固体中における超音波の振舞い ………………3
　1.2.2　反射や回折（魚群探知，超音波検査および超音波顕微鏡などの例）‥4
　1.2.3　固有振動数と共振（連続的に超音波を発生させるために）…………9
　1.2.4　液体中におけるキャビテーション ……………………………………15
1.3　私たちに身近な超音波の応用 …………………………………………………15
　1.3.1　動物除け，モスキート音およびパラメトリックスピーカ …………15
　1.3.2　洗浄効果を利用した機器 ………………………………………………17
　1.3.3　溶着作用を利用した機器 ………………………………………………19
　1.3.4　霧化作用を利用した機器 ………………………………………………20
　1.3.5　信号の送受信を利用した機器 …………………………………………21
　1.3.6　治療への応用 ……………………………………………………………22
　1.3.7　食品への応用 ……………………………………………………………22
　　　　参考文献 …………………………………………………………………23

第 2 章　超音波はどのように発生させ，測定するのか

2.1　はじめに …………………………………………………………………………24
2.2　超音波振動を発生させるアクチュエータ「振動子」………………………25
　2.2.1　水晶の圧電効果と水晶振動子 …………………………………………25
　2.2.2　ポール・ランジュバンによる強力な水晶振動子の発明 ……………27
　2.2.3　誘電体と電歪現象 ………………………………………………………28
　2.2.4　現在の圧電セラミック製の電歪型振動子 ……………………………29
　2.2.5　超音波振動子の種類 ……………………………………………………31
　2.2.6　磁歪現象と磁歪振動子 …………………………………………………33
2.3　超音波振動を発生させるための電気回路 ……………………………………34

    2.3.1　機械振動と電気振動　··　35
    2.3.2　超音波振動系を駆動する電気回路　································　39
    2.3.3　実際の超音波発振回路の概要　····································　44
  2.4　超音波振動の伝送と振動系の設計　··　46
    2.4.1　超音波振動の伝送と振動系の具体的イメージ　························　46
    2.4.2　弾性体の力学からの超音波振動ホーンの設計　························　48
    2.4.3　縦振動ホーンの基本特性　··　53
    2.4.4　曲げ振動ホーンの基本特性　··　55
    2.4.5　ねじり振動ホーンの基本特性　······································　57
  2.5　超音波の測り方　··　59
    2.5.1　レーザドップラ振動計　··　59
    2.5.2　レーザ測長器とコーナキューブ　····································　62
    2.5.3　光学式（三角測量方式）変位測定器　································　62
    2.5.4　静電容量型振幅測定器　··　63
    2.5.5　超音波シリコンマイクロフォン　····································　63
    2.5.6　周波数を分周する方法　··　64
    2.5.7　うなり（ビート音）を利用する方法　································　64
    2.5.8　コインやピンセットを用いる方法　··································　65
    2.5.9　水　滴　··　65
    2.5.10　指のひらで触る　···　65
    参考文献　··　65

第3章　超音波を加工に応用するための大切な基本原理

  3.1　超音波を応用した切削法「振動切削」の原理　································　66
    3.1.1　振動切削の創案　··　66
    3.1.2　主分力方向振動切削の原理　··　71
    3.1.3　送り分力方向および背分力方向振動切削の原理　······················　76
    3.1.4　楕円振動切削法の原理　··　80
  3.2　超音波砥粒加工の原理　··　81
    3.2.1　脆性材料の微小破砕　··　81

3.2.2　砥粒・切りくずの間欠接触の効果 ……………………………… 83
　　3.2.3　湿式研削におけるキャビテーションの効果 ………………… 83
　　3.2.4　脆性材料の研削における延性モード化 ……………………… 84
　3.3　超音波により金属を塑性変形させるための基本原理 ……………… 86
　　3.3.1　Blaha（ブラハ）効果 …………………………………………… 86
　　3.3.2　ハンマリング効果 ……………………………………………… 88
　　3.3.3　摩擦低減効果および潤滑特性改善効果 ……………………… 89
　3.4　超音波に関する数式表現 ………………………………………………… 91
　　参考文献 ……………………………………………………………………… 93

第4章　超音波振動は生産現場のこんなところに
― 切削，研削，研磨加工 ―

　4.1　はじめに ……………………………………………………………………… 94
　4.2　超音波振動切削 …………………………………………………………… 94
　　4.2.1　超音波振動切削用工具（バイト） …………………………… 94
　　4.2.2　超音波振動切削の効果 ………………………………………… 99
　　4.2.3　切削された面の残留応力 ……………………………………… 105
　　4.2.4　切削された面の錆 ……………………………………………… 110
　4.3　超音波振動エンドミル加工 ……………………………………………… 114
　　4.3.1　超音波振動主軸 ………………………………………………… 115
　　4.3.2　超音波振動エンドミル加工における効果 …………………… 118
　4.4　超音波振動ドリル加工 …………………………………………………… 121
　　4.4.1　ドリル加工における軸方向超音波振動の効果 ……………… 121
　　4.4.2　「軸方向」と「円周方向」超音波振動付加穴あけの違い …… 129
　　4.4.3　超音波振動加工に適した小径ドリル，エンドミルおよび研削工具の
　　　　　保持具 ……………………………………………………………… 130
　　4.4.4　ドリルやエンドミルの直径と超音波振動振幅・周波数との関係 …… 131
　4.5　超音波振動切断加工 ……………………………………………………… 132
　　4.5.1　ナイフ状カッタを用いた超音波切断 ………………………… 132
　　4.5.2　超音波包丁 ……………………………………………………… 133

4.5.3　超音波彫刻刀 …………………………………………………… 134
　4.5.4　超音波メス ……………………………………………………… 135
4.6　超音波振動砥粒加工 ……………………………………………………… 135
　4.6.1　超音波加工（超音波遊離砥粒加工）と超音波振動ラッピング …… 136
　4.6.2　超音波振動ポリシング ………………………………………… 137
　4.6.3　砥石軸方向振動穴研削（むく穴加工） ……………………… 138
　4.6.4　砥石軸方向振動溝研削 ………………………………………… 140
　4.6.5　砥石軸方向振動平面研削 ……………………………………… 142
　4.6.6　砥石軸方向振動穴内面研削 …………………………………… 142
　4.6.7　砥石半径方向振動切断研削 …………………………………… 143
　4.6.8　非回転非円形砥石曲げ振動／ねじり振動ポケット研削 …… 143
　4.6.9　成形砥石を用いた面取り研削 ………………………………… 144
　4.6.10 超音波振動ドレッシング ……………………………………… 145
4.7　放電加工に超音波振動を援用した加工 ………………………………… 146
　4.7.1　放電加工と超音波加工の複合 ………………………………… 146
　4.7.2　超音波振動放電ツルーイング ………………………………… 147
　4.7.3　超音波振動放電加工 …………………………………………… 147
　4.7.4　超音波振動援用放電研削 ……………………………………… 147
　4.7.5　加工液への超音波振動付与 …………………………………… 148
　　参考文献 ………………………………………………………………… 149

第5章　超音波振動は生産現場のこんなところに
― 塑性加工，その他 ―

5.1　はじめに ……………………………………………………………………… 151
5.2　塑性加工への超音波の応用状況を俯瞰すると …………………………… 151
5.3　超音波振動ダイによる金属線や管の製造 ………………………………… 153
　5.3.1　身近な金属線や管 ……………………………………………… 153
　5.3.2　金属線や管の製造方法 ………………………………………… 154
　5.3.3　超音波振動を利用した金属線や管の引抜き方法 …………… 156
5.4　超音波振動による線の曲げ加工 …………………………………………… 165

5.4.1 コイルばねの製造方法 …………………………………………… 165
5.4.2 超音波振動コイリング法の原理 ………………………………… 166
5.4.3 超音波コイリング装置および加工条件の例 …………………… 166
5.4.4 超音波コイリングの効果例 ……………………………………… 168
5.5 超音波振動による管の曲げ加工 ……………………………………… 169
5.5.1 管の曲げ加工への技術的要求 …………………………………… 169
5.5.2 曲げ加工に対する超音波振動の効果 …………………………… 170
5.5.3 曲げ加工プラグ超音波振動系およびパイプベンダ …………… 171
5.5.4 超音波引き曲げ加工の効果 ……………………………………… 172
5.6 超音波振動を応用した金属部品の鍛造加工 ………………………… 174
5.6.1 超音波微細鍛造法の有効性 ……………………………………… 174
5.6.2 L-L型変換体と超音波振動ダイの実例 ………………………… 175
5.6.3 超音波鍛造の効果 ………………………………………………… 177
5.7 超音波振動による金属の接合 ………………………………………… 181
5.7.1 金属を接合するということ ……………………………………… 181
5.7.2 金属材料の超音波接合の用途 …………………………………… 182
5.7.3 超音波接合の原理 ………………………………………………… 183
5.7.4 薄板の超音波接合装置および接合方法 ………………………… 184
5.7.5 超音波接合の効果例 ……………………………………………… 185
5.8 金属の表面改質や鋳造への応用 ……………………………………… 189
5.9 超音波振動を加工に応用するときの留意点 ………………………… 189
5.9.1 負荷を受けたときの工具の超音波振動の振幅 ………………… 189
5.9.2 負荷を受けたときの超音波振動の周波数 ……………………… 190
5.9.3 超音波振動の漏洩と防止 ………………………………………… 192
5.9.4 超音波振動旋削装置の形式 ……………………………………… 193
参考文献 ……………………………………………………………………… 194

索引 …………………………………………………………………………………… 197
あとがき ……………………………………………………………………………… 203

第1章 超音波の基本的な性質と身近な応用例

1.1 自然界に見る超音波

　音波とは,音を出すモノが振動することにより,その周囲に伝わる波動のことをいいます.超音波とは,その周波数が一般には人間の耳には聞こえない高い周波数の音波のことです.周波数は,1秒間の振動回数のことで,単位はHz〔Hertzの略でヘルツと読みます.Hz＝1/s（sは秒のことです）〕です.図1.1を見てください.人間の耳に聞こえる音（可聴音）の周波数は,約20 Hz～約20 000 Hz（20 kHz）ですから,超音波とは周波数が約20 000 Hz（20 kHz）以上の音波のことです.この定義とは別に,周波数に関わりなく加工用や

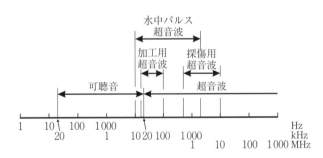

図1.1 音波（可聴音）と超音波の周波数

魚群探知用など聴くことを目的としない音波と定義することもあります.
　ところで,人間には聞こえない超音波を聞くことのできる動物たちがいます.よく知られているのがイルカやコウモリです.
　イルカは,体から音波～超音波を発したり（周波数15～160 kHz）,受け取る（周波数10～150 kHz）ことによって仲間と会話をしたり,周囲にいる魚やイルカの位置,あるいは外敵の位置を確認したりしています（図1.2）.魚には,イルカが発する超音波は聞こえないようです.音波は,水の中では減衰しにくく,約1500 m/s（空気中では約340 m/s）もの速度で伝播します.イル

図1.2 イルカの会話の様子

カは，この音波の性質を利用して遠くの仲間と会話をしたり，魚を捕えることができるのです．クジラは，エコーロケーション（反響定位）という極低周波音（約17 Hz）〜超音波を発して，その反射を検知し，獲物の位置を察知しているといわれています．中でも，バンドウイルカは互いに580 m離れていても交信している可能性を示した例もあります．イルカの発するホイッスルと呼ばれる狭帯域連続鳴音の到達時間差から，発声したイルカの位置を割り出し，互いに離れたイルカ同士が短い時間に鳴音を発していたというのです．つまり，鳴き交わしと考えられたわけです．

シャチも，イルカと同様にクジラの仲間ですが，海洋の食物連鎖の頂点にいて，体長は1〜10 mの数種類がいます．大型でかなり獰猛な種類もいて，大きなクジラを捕食することが知られています．小さい種類は，鮭などの魚を捕食しているようです．十数頭の家族群をなして生活している種類は，その家族独自の「方言」とも呼ばれるコール（鳴音：群集のメンバー同士のコミュニケーションに使用）をもち，それにより情報を互いに交換し合っているといわれています．また，餌の捕捉時には，クリック音を出して餌の位置を測っているといわれています．クリック音は，噴気孔の奥にある溝からメロンと呼ばれる脂肪で集束させて発射する音波〜超音波で，その反響音を下顎の骨から感じとることで，前方に何があるか判断することができます（エコーロケーション）．クジラを襲うときなどは，図1.3に示すように，1頭がクジラ

図1.3 クジラを狙うシャチ

の頭上にきて海面での呼吸を妨げ，もう1頭はクジラを下から押し上げて潜水を妨げるなどの行動が観察されています．これらのことから，何らかのコミュニケーションを図りながら巨大な餌に立ち向かっていると推定されます．

コウモリは，昼間は洞窟などにいて，夕方薄暗くなってきたころに活動を始めます．眼は発達しているといわれていますが，光の弱い夕暮れの空を自由に飛び回り，飛んでいる昆虫を捕えて食べています(図1.4)．それは，コウモリが人間の耳には聞こえない音波～超音波(周波数12～200 kHz. 12 kHzの音波は，若い人には聞こえるかも知れません)を口や鼻から発し，モノにぶつかって反射してくる音波～超音波(周波数1～100 kHz)を聞き分け，周囲のモノの位置や昆虫などの居場所を感じとることができるからです．

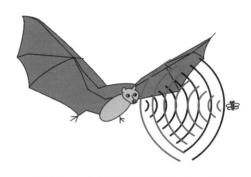

図1.4 コウモリが虫の位置をキャッチ

つまり，これらの動物たちは，視界の利かない水中でモノを捕えたり，暗闇で位置を把握したり，あるいは小さな餌を遠くから見つけたり，超音波を生きるための測定に利用しているのです．

1.2 超音波の基本的な性質

1.2.1 気体，液体あるいは固体中における超音波の振舞い

超音波は音波の一種ですから音としての性質をもっています．すなわち，超音波で振動する物体と，その超音波を伝搬する物体(媒質)が存在することが必要です．ですから，真空中では超音波を伝搬する物体がないため，超音波は伝わりません．表1.1は，超音波の種類と媒質との関係を示しています．超音波を伝搬する物

表1.1 超音波伝搬の媒質と超音波の種類

媒質	伝搬する超音波			
気体	縦波	—	—	—
液体	縦波	—	—	表面波
固体	縦波	横波	ねじり波	表面波

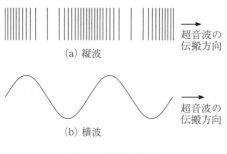

図 1.5 縦波と横波

体が気体の場合には，**図 1.5**(a) のように縦波（伝搬方向と振動方向が同じ）だけしか存在しませんが，液体では縦波と表面波（液体や固体の表面のごく薄い層中を伝わる縦波と横波が結合した波動），固体では縦波，横波〔伝搬方向と振動方向が直角．図(b)参照〕，ねじり波および表面波などが存在します．また，超音波は，気体中では減衰しやすく，液体や固体中では減衰しにくいという性質をもっています．反射や回折もします．

1.2.2 反射や回折（魚群探知，超音波検査および超音波顕微鏡などの例）

超音波は，固有音響インピーダンス（＝密度×音速）の変化があるところで反射して戻ってくるという特性があるので，種々の測定器などに使われています．固有音響インピーダンスは，式 (1.1) のように表すことができます．すなわち，材料の密度 ρ と，その内部を伝わる音速 c の積です．固有音響インピーダンス Z は，超音波を伝える「媒質固有の抵抗値」と考えればよいでしょう．

$$Z = \rho c \tag{1.1}$$

また，固有音響インピーダンスが異なる2種類の材料を超音波が通過する場合（固有音響インピーダンス Z_1 および Z_2），反射量と通過量との割合は固有音響インピーダンスにより知ることができます．反射する割合は，式 (1.2) のように，固有音響インピーダンスから反射係数（境界に垂直に入射した場合）として求めることができます．すなわち，固有音響インピーダンスが異なる材料ほど反射係数 R は大きくなり，反射する割合が高くなります．

$$R = \frac{Z_2 - Z_1}{Z_2 + Z_1} \tag{1.2}$$

たとえば，漁船に搭載されて魚群を探す魚群探知機は，**図 1.6** に示すように，超音波を海中に発します．魚群があれば，水と魚の間に固有音響インピー

ダンスに差がありますから、そこで超音波が反射して船に戻ってきます。超音波を発してから戻ってくるまでの時間の半分に相当する距離〔= (1/2)×音速×往復の時間〕が魚群までの距離

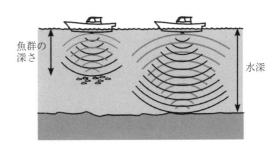

図1.6 魚群探知機

ということになります。それを画像または距離として表示し、その方向に船を進めて効率よく魚を捕えようとするものです。周波数としては50 kHz, 200 kHz, 500 kHzなどが使われており、周波数が高くなるほど指向性が高くなりますから、広範囲に探索しようとするときは低周波、狭い範囲をより正確に探索しようとするときは高周波が使われます。

また、医学において広く利用されている「超音波検査」を知っている方は多いでしょう。これも、超音波が、上で述べた固有音響インピーダンスの異なる面で反射することを利用した検査法です。主に、数～十数MHzの周波数の超音波が使われています。たとえば、妊娠している女性の子宮内に扇状に発生させた超音波を送り反射波を画像化することにより、赤ちゃんの大きさ、姿勢、心臓の拍動などを評価し発育状態をリアルタイムで調べることができます。画像としては、超音波の振幅で表示するAモード (amplitude mode) と輝度で表示するBモード (brightness mode) があります。最近では、3D画像やカラー画像で表示する装置もあります。また、テレビの画面で、チェルノブイリや福島の原子力発電所の事故で発生した放射能が子どもたちの甲状腺がんに与える影響を調べているのを見ることがありますが、これも超音波装置です。心臓超音波検査は心エコーとも呼ばれており、著者の一人は、定期的にこの検査を受けています。検査したい体の部分の表面にジェルを塗り、そこに超音波発振・受信装置を押し付けて体内に超音波を送り込んで、その反射波から心臓の細部の大きさ、形状を調べています。ジェルを塗るのは、超音波発振・受信装置と体表面の間に空気層をなくし、超音波が減衰するのを防ぐためです。心エコーは、心筋梗塞、心臓弁膜症などの診断や冠動脈の血流評価などに使われて

います．血流評価では，カラードップラ法と呼ばれる方法で周波数の変化を検知し，血流が近づくときと遠ざかるときをそれぞれ赤色と青色で表示し，狭心症の一部の診断に利用しています．そのほか，内臓（肝臓，すい臓，ひ臓，腎臓など）の臓器の健全性診断や寸法検査に使われています．これらの超音波検査は，腹部エコーと呼ばれています．たとえば，肝臓の超音波検査では，嚢胞の大きさが測定でき肝臓に異常がないか判断できます．これらの超音波検査は，X線と異なり，人体に傷害を与えることがありませんし，痛くもかゆくもありません．

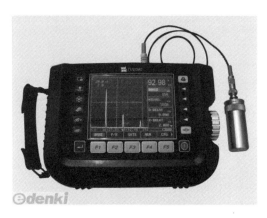

図1.7 超音波探傷器の例（TIME 社）

超音波探傷器は，材料（被検体）の内部の傷や欠陥を検出する装置です．一例を図1.7に示します．検出の方法と原理は，図1.8に示すとおりです．すなわち，超音波プローブから被検体に向けて発せられた超音波を，超音波プローブと被検体との間に空気層が存在しないようにクリーム状のジェルやグリースなどを介して被検体の内部に送り込み，傷または被検体の底面で反射して戻ってきた超音波をプローブで電圧に変換して信号を取り出します．

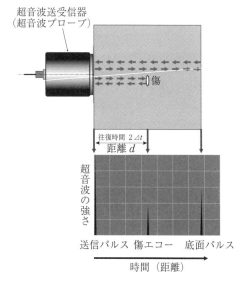

図1.8 超音波探傷の原理

そこで，送信パルスと傷エコーの往復時間 $2\mathit{\Delta}t$ が被検体表面から傷までの深さ d に対応していることから，次の関係

$$d = c\mathit{\Delta}t \tag{1.3}$$

を用いて傷の深さ（位置）を知ることができます．ここで，c は被検体内の超音波の音速です．傷の部分で超音波が反射するのは，被検体と傷の固有音響インピーダンス（＝音速×密度）が異なるためです．ちなみに，鋼と空気の固有音響インピーダンスはそれぞれ $4.6 \times 10^7 \, \text{kg}/(\text{m}^2 \cdot \text{s})$ と $4.0 \sim 4.5 \times 10^2 \, \text{kg}/(\text{m}^2 \cdot \text{s})$ です．原理的には，魚群探知機と同じです．

超音波顕微鏡は，100 MHz から 3 GHz 程度の周波数の超音波を平面振動子から発して音響レンズを用いて焦点に集束する方法，または凹面振動子から発して焦点に集束する方法により，焦点において超音波をほぼ波長と同レベルまで絞り込み，振動子が二次元走査して画像を得ることができます．音速，減衰，固有音響インピーダンス，弾性係数などの様々なパラメータの定量的解析が可能です．半導体パッケージ，電子部品，ウェハ，セラミック材料など，様々な分野で使用されています．たとえば半導体分野においては，パッケージを開封せずに内部を検査する非破壊検査ツールとして使用されています．波長は周波数に反比例しますので，周波数が高くなればなるほど，波長が短くなり，分解能が上がってきます．周波数が 100 MHz で分解能が約 10 μm，1 GHz で約 1 μm です．したがって，この帯域の超音波を用いると，細かい組織観察ができるようになります．ただし，周波数が高くなると，減衰のため浅い部分しか超音波が届かなくなります．

超音波の反射と透過を利用した材料表面間の真実接触面積の評価法が知られています．**図 1.9** (a) に示すように，二つの直方体のブロック A と B が重ねられている状況を考えます．二つのブロック A，B の見かけの接触面がかなり平らな平面であっても，全面にわたって密着していることはありません．つまり，図 1.9 (b) の拡大図が示すように A_{r1}, A_{r2}, A_{r3} などで示す部分だけが本当に接しているのです．この部分の面積を真実接触面積 A_r (real contact area または true area of contact) といいます．つまり，この面積によって上のブロック A の荷重を下のブロック B が支えています．では，この真実接触面積を測定することができるでしょうか？ これを可能にするのが超音波で

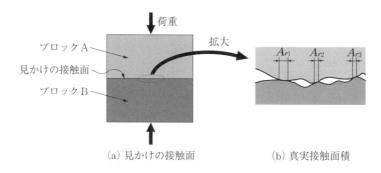

(a) 見かけの接触面 (b) 真実接触面積

図 1.9 見かけの接触面と真実接触面積

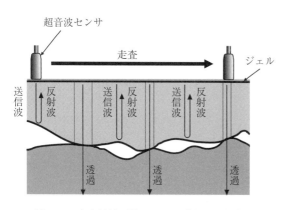

図 1.10 真実接触面積において透過する超音波

す[1]．

図 1.10 のように，二つの重なった直方体の上面にジェル（クリームのようなもの）を塗り，その上に超音波センサを置いて，ここから超音波を発します．すると，真に接している真実接触面積の領域では，ブロック A と B の材質がほぼ同じであればほぼ同じ固有音響インピーダンスをもつので，超音波は透過します．一方，真に接していない部分ではブロック A と B の間に空気層などが存在するので，そこではブロック A と空気層の固有音響インピーダンスの違いのため，超音波はブロック A の下面で反射することになります．図 1.10 において，超音波センサをブロック A の上面において二次元的に走査すれば，超音波の透過率からブロック A と B の真実接触面積が得られることになります．したがって，ブロック A と B の接触力がわかっていれば，真実接触面積で割ることにより真の平均接触圧力を知ることができます．

そのほか，超音波は，周波数が高いほど波長が短くなるため，回折しにくく

指向性が鋭くなるとともに，音で物体を見分けるための分解能は高まります．その代わり，波長が短いほど減衰も大きくなり，遠くまで届かないといった性質があります．

1.2.3 固有振動数と共振（連続的に超音波を発生させるために）

連続的に音波を発生させるには，楽器を叩くとか吹くとかして振動体を振動させることが必要です．一方，連続的に超音波を発生させるには，通常，圧電素子や磁歪素子に交流電圧をかけてそれを振動体（多くの場合，ボルト締めランジュバン型振動子．説明は 2.2.2 項にあります）に伝えて振動を持続させます．その際，その振動体の固有振動数と同じ周波数の交流電圧をかけるのです．これを共振といいます．そうすれば，小さいエネルギーで振動体を超音波振動させることができるのです．

図 1.11 は，吊り橋で起こす共振を示しています．人が吊り橋を上下に揺する際に，吊り橋の振動に合わせて，つまり吊り橋の最も大きく下に振れたときにさらに体を沈み込むようにして力を加えると，すなわち吊り橋の固

図 1.11 吊り橋の共振（共振現象の説明図）

有振動数で揺すると，しだいに吊り橋の振幅が大きくなり，ついには吊り橋が切れてしまいます．このとき，人が橋に加えるエネルギーはそれほど大きくなくても振幅は増大していくことが想像できます．

共振についてもう少し詳しく説明しましょう．どんな物体も，その寸法・形状に対応した固有振動数をもっています．その振動数に等しい周波数で，その物体を強制的に振動させたとき，その物体の振幅は振動するたびに振幅が大きくなっていきます．これを共振といいます．

まず，固有振動数について，振動の基本を高等学校の物理からおさらいしてみます．ここで，物理はやってない，物理は苦手だったという読者もいるかも知れませんが，できるだけ直観的にわかるように説明を進めていきますので，まずは，読み続けてみてください．

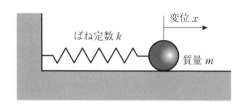

図1.12 水平に設置された質量-ばね系

図1.12のように，ばねが水平に設置されており，先端におもりが取り付けられています．このおもりを手で引っ張り，ばねを伸ばして離すと，おもりはばねに引かれて反対方向に移動し，ある程度移動すると，今度は再び戻っていくことが想像できるでしょう．そのような現象を考えてみます．物理といえば力が出てきます．まず，力のつりあいからこの問題を見ていきます．

これは，単振動の現象として計算することができます．計算をするに当たって記号をつけます．おもりの質量を m とし，ばねの剛性（ばね定数）を k とします．また，ここでは，おもりと床の摩擦や空気抵抗などは考えません．

質量 m [kg] の物体に F [N] の力が働くと，ニュートンの運動の第二法則により加速度 a [m/s^2] が生じます．これは，式 (1.4) で表されます．

$$ma = F \tag{1.4}$$

このとき，変位 x を時間で微分することによって速度が求められます．数学記号では，dx/dt と書き表され，同様に x の時間による 2 階微分を求めると加速度となり，d^2x/dt^2 と書くことができます．したがって，大学での力学の教科書では，式 (1.4) は式 (1.5) のように書かれます．

$$m\frac{d^2x}{dt^2} = F \tag{1.5}$$

一方，ばねによる力は，フックの法則より，ばねの強さの指標であるばね定数 k [N/m] とばねの伸び（または縮み）を x [m] とすると，式 (1.6) のように表されます．

$$F = -kx \tag{1.6}$$

図から，ばねの力は常に物体が進んでいる方向とは反対の力がかかっていることがわかります．よって，式 (1.7) が成り立ちます．この式は，単振動の運動方程式と呼ばれています．

$$m\frac{d^2x}{dt^2} = -kx \quad \text{または} \quad m\frac{d^2x}{dt^2} + kx = 0 \tag{1.7}$$

ここで，振動変位は式 (1.8) で表されます．A は振幅，ω は角速度です．それを微分することによって振動速度が式 (1.9) に，および式 (1.9) を微分することによって振動加速度が式 (1.10) に表されます．

$$x = A\sin\omega t \tag{1.8}$$

$$\frac{dx}{dt} = A\omega\cos\omega t \tag{1.9}$$

$$\frac{d^2x}{dt^2} = -A\omega^2\sin\omega t = -\omega^2 x \tag{1.10}$$

先の式 (1.7) は単振動を示していることは明らかなので，この単振動を示す式 (1.8) と式 (1.10) を式 (1.9) に代入すると，式 (1.11) が得られます．

$$m(-\omega^2 x) = -kx, \quad \omega^2 = \frac{k}{m}, \quad \omega = \sqrt{\frac{k}{m}} \tag{1.11}$$

ここで，角速度 ω は $\omega = 2\pi f$ ですので，周波数 f に直すと式 (1.12) が得られます．

$$f = \frac{1}{2\pi}\sqrt{\frac{k}{m}} \tag{1.12}$$

このように，ばねと質量との力のつりあいから求められる振動数 f は，この系における固有の振動数を表しています．これは，固有振動数と呼ばれています．すなわち，ばねの強さとおもりの質重との関係によって，系の固有振動数が決定されることを数式で表しています．説明すると，固有振動数は，ばねのばね定数を質量で割った数の平方根で計算できるということです．

次に，共振の現象について，減衰のない強制振動について考えることにします．固有角振動数が ω_n で減衰のない振動系に $G(t)$ なる外力が加えられた場合の運動方程式は，式 (1.7) の 0 を $G(t)$ とすることにより式 (1.13) で表されます．

$$m\frac{d^2x}{dt^2} + kx = G(t), \quad \frac{d^2x}{dt^2} + \frac{k}{m}x = \frac{1}{m}G(t), \quad \frac{d^2x}{dt^2} + \omega_n^2 x = H(t) \tag{1.13}$$

ここで，$H(t) = (1/m)G(t)$，$\omega_n = \sqrt{k/m}$ です．いま，外力 $H(t)$ が

$$H(t) = H_0 \sin pt \quad (H_0 は振幅) \tag{1.14}$$

のように正弦的に変化するとき，式 (1.13) の微分方程式の解は，右辺を 0 と

置いたときの一般解と特解との和で表されますから，式 (1.15) のように書くこともできます．

$$x = C_1 \cos \omega_n t + C_2 \sin \omega_n t + \frac{H_0}{\omega_n^2 - p^2} \sin p t \qquad (1.15)$$

ここで，C_1，C_2 は初期条件で決まる定数です．

式 (1.15) の右辺の第 1 項と第 2 項は自由振動を示し，第 3 項は外力の影響による強制振動を示します．この強制振動の振幅 $H_0/(\omega_n^2 - p^2)$ は，外力 $H(t)$ の角振動数 p が振動系の固有角振動数 ω_n に近いときに，限りなく ∞（無限大）または $-\infty$ に近づくことを示しています．この状態を共振といいます．つまり，外力の振幅 H_0 は小さくても式 (1.15) の第 3 項は限りなく大きくなり，全体の振動振幅も限りなく大きくなります．

理論的には振幅が無限大になりますが，現実には種々の振動減衰因子，たとえば摩擦，空気抵抗，材料の内部減衰などがあるため，振幅が無限大になることはありません．ここで，材料の内部減衰とは，材料内部の粘性や塑性変形により生じるエネルギー消費に起因する減衰作用のことで，その大きさを表すのに損失係数 ($\tan \delta$) が使用されています．

$$\tan \delta = \frac{1}{\sqrt{\tau^2 - 1}} \qquad (1.16)$$

式 (1.16) 中の τ は共振時の伝達率 (共振倍率) です．

一方，楽器の調律や合唱の音の基準となる音叉 (**図 1.13**) ですが，これを叩くと，その固有振動数 (440 Hz，442 Hz など) で振動し音を発します．440 Hz は，音の高さでいうと「ラ」の音で，音楽の基本になる音です．

図 1.13 音叉

また，固有振動数は，その物体の寸法 (主として長さ) が大きくなればなるほど低くなる性質をもっています．音は表 1.1 に示したように縦波です．

まず，縦波の場合を考えましょう．共振が起こっている場合，端部では，固定端の場合は節，自由端の場合は腹となります．したがって，波長 λ_n は両端

に挟まれた部分の長さ L とある一定の関係式を満たすことになります．両端固定の場合，振動波形は **図 1.14** (a) に示すようになり，式 (1.17) の関係を満たすことがわかります．

$$\left.\begin{array}{l}\lambda_1/2 = L \\ 2\lambda_2/2 = L \\ 3\lambda_3/2 = L \\ 4\lambda_4/2 = L \\ \vdots \\ n\lambda_n/2 = L\end{array}\right\} \quad (1.17)$$

両端自由の場合は図 (b) のようになり，やはり両端固定の場合とまったく同様の式 (1.17) の関係があります．

したがって，音速を c とすると，固有振動数 f_n は次の式で表されます．

$$f_n = \frac{c}{\lambda_n} = \frac{nc}{2L} \quad (1.18)$$

さて，一端固定他端自由の場合は，図 (c) に示すように，固定端では節となり，自由端では腹となります．したがって，波長 λ_n は両端に挟まれた部分の長さ L と次の関係を満たすことになります．

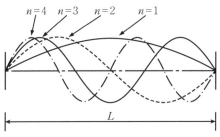

(a) 両端固定の場合の振動波形

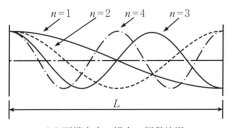

(b) 両端自由の場合の振動波形

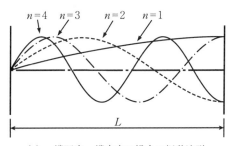

(c) 一端固定一端自由の場合の振動波形

図 1.14 振動波形

$$\left.\begin{array}{l}(1/4)\lambda_1 = L \\ (3/4)\lambda_2 = L \\ (5/4)\lambda_3 = L \\ (7/4)\lambda_4 = L \\ \vdots \\ \{(2n-1)/4\}\lambda_n = L\end{array}\right\} \quad (1.19)$$

したがって，固有振動数は，次の式 (1.20) で表されます．

$$f_n = \frac{c}{\lambda_n} = \frac{(2n-1)c}{4L} \tag{1.20}$$

次に，**図 1.15** に示すように，質量 m の質点が長さ l の糸に吊るされている単振り子があります．振れ角が小さいと仮定して水平方向と垂直方向の運動方程式を解くと (導出は省略)，この振り子の固有振動数は式 (1.21) で表されます．

$$f_n = \frac{1}{2\pi}\sqrt{\frac{g}{l}} \tag{1.21}$$

つまり，このような単振子は，糸の長さの平方根に比例する固有振動数をもつことがわかります．

また，ギターやバイオリンのように，ある張力 T を付加して両端を固定した長さ l の弦 (**図 1.16**) を指で弾いたり弓で擦ると，一定の振動数で振動するので，一定の高さの音を発します．これも，弦が一定の固有振動数をもつことによります．このときの固有振動数 f_n は，図 1.14 (a) と同様に式 (1.22) のようになります．

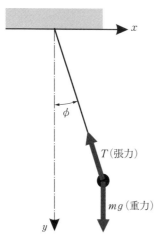

図 1.15 単振り子

$$f_n = \frac{n}{2l}\sqrt{\frac{T}{\sigma}} \quad (n = 1, 2, 3, \cdots) \tag{1.22}$$

ただし，σ は線密度 (単位長さ当たりの質量) です．

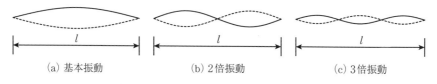

(a) 基本振動　　　(b) 2 倍振動　　　(c) 3 倍振動

図 1.16 一定の張力で張られた弦の振動

1.2.4 液体中におけるキャビテーション

キャビテーション (cavitation) とは，液体中で圧力がきわめて短い時間だけ飽和蒸気圧より低くなったとき，液体中に存在する 100 μm 以下の小さい「気泡核」を核として液体が沸騰したり，溶存気体の遊離によって小さな気泡が多数生じる現象です (**図 1.17** ①～②)．しかし，その後，周囲の圧力が飽和蒸気圧より高くなり，周囲の液体は泡の中心に向かって押し寄せ，気泡は消滅することになります．物体表面の近くでは，静圧の減少に伴って泡が ③ から ④ のように小さくなり，さらに下がると ⑤ のように物体表面から遠い側が凹み，ついには ⑥ のように泡が分裂し，液体の噴流が物体表面にぶつかって泡は破壊します．この噴流で物体表面に壊食 (erosion：部材が損傷すること) が発生するのです．船のプロペラ付近でキャビテーションが起こると，壊食によりプロペラに多数の穴があくことになります．

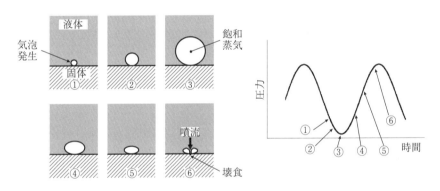

図 1.17 キャビテーションにおける泡の発生・破壊過程

1.3 私たちに身近な超音波の応用

1.3.1 動物除け，モスキート音およびパラメトリックスピーカ

超音波が人間の耳には聞こえないことは前に述べましたが，動物によって耳に聞こえる音の周波数帯域 (可聴域) は異なります．身近な動物の可聴域は，次のとおりです．

　　イ　ヌ：15～60 000 Hz

ネ　コ：45〜64000 Hz

ウ　マ：55〜33500 Hz

ネズミ：1000〜91000 Hz

　ところで，著者の一人はネコの糞害に悩まされています．庭の雑草を根っこから取った後のフカフカのきれいな土の上や乾いた雑草の上に外から侵入したネコが残していくのです．「何か匂うな」と思ったら，「やっぱりそうです」．度重なるプレゼント（？）に我慢できなくなって，市販の（「ネコ除け」に有効といわれる）超音波発生装置を買い求めました．音声出力 100 dB 以上の大音量のモノ（もちろん，人間には聞こえません）や，ネコがある周波数に慣れないように，定期的に周波数を変えられる，あるいは周波数をランダムに変えられるモノもあります．これを庭先に置いておけば，ネコの侵入を防げそうです．類似の装置は，ネズミ（超音波ネズミ駆除器）やトリなどの動物の超音波可聴域を利用して忌避するモノなどもあります．しかし，害虫，たとえばゴキブリについて超音波の効果があるかどうかの研究があるようですが，これはまだ明確にはなっていないようです．

　超音波は，若者のたむろ防止にも利用されています．コンビニエンスストアなどの前に集まって騒いだり，座り込んだり，あるいは食べ散らかしたりする若者は，店にとっては営業を妨げる大変迷惑な存在です．ほかのお客さんとのトラブルになるなど，店員に危害が及ぶこともあるようです．注意したり警察を呼んだりしてもイタチごっこで，なかなか有効な手立てはありません．

　17 kHz 程度の超音波は，人間の可聴音の上限付近の周波数で，若い耳に強く響き，著者らのような老齢化した耳には聞こえにくい周波数帯です．この周波数帯の音は，人にとってあまり心地よくない音のようで，若者が嫌がる傾向にあることが調べられています．著者の一人は，高等学校へ出前授業に行くことがよくありますが，そこで超音波を披露すると必ずといっていい

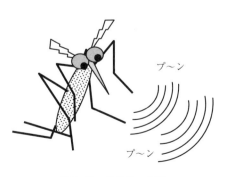

図 1.18　モスキート音

ほど,「モスキート(蚊)音」だと高校生から聞かされます.恐らく,蚊の鳴くような耳障りな音なのでしょう(図1.18).

17 kHz の高い音圧の音を出すスピーカを店の前に向けて設置し,好ましくない人たちが集まってきたら,中からスイッチを入れて音を出します.たむろ,している人たちは,しばらくすると,なんとなく居心地が悪くなってその場を立ち去るといった具合です.若者のたむろ防止に利用されています.

「パラメトリックスピーカ」は,超音波を利用してピンポイントで音を届けます.超音波は可聴音に比べて,音の広がりが少なく,鋭い指向性をもっています.その性質を利用します.すなわち,図1.19に示すように,超音波に可聴音を乗せます.これを AM 変調と呼んでいます.その AM 変調された超音波を聞かせたい方向に照射します.そうすると,超音波は途中で減衰してしまい,可聴音のみが残って,人間の耳に聞こえるわけです.再生させる距離は音圧により調節できますので,ピンポイントで音を聞かせることができます.音のひずみは大きいのですが,ひずみはデジタル技術で補正してきれいな音として再生します.雑踏の中で情報を伝える方法,特定の場所だけで聞こえる音を発生する方法,あるいは災害時の避難誘導など,さまざまなところでの活用が検討されています.

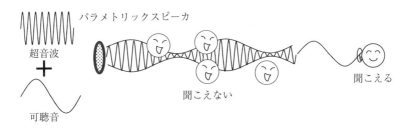

図 1.19　パラメトリックスピーカ

1.3.2　洗浄効果を利用した機器

超音波洗浄器では,洗浄する物体を容器(図1.20)に入れ,洗浄液[水または有機溶媒(アルコール,アセトンなど)]中に浸します.水で洗浄する場合は,表面張力を打ち消すために界面活性剤を入れます.一般に,超音波を発生させる器具は装置に内蔵されています.洗浄のメカニズムは,1.2.4項で述べ

18   第1章　超音波の基本的な性質と身近な応用例

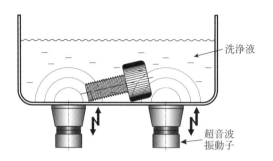

図1.20　超音波洗浄器

たキャビテーションの発生と破壊に伴う噴流のエネルギーによるもので，泡が破裂すると物体の表面から汚れが浮き上がります．超音波の周波数がより高いほど泡の発生するポイントが多くなり，より高精度の洗浄ができます．超音波洗浄器は，ねじや工具などの機械部品，レンズなどの光学製品，コイン，時計，歯科・外科治療で使われる器具，電子機器などの洗浄に広く用いられています．街角で見られるめがね洗浄器は，この方法を利用したものです．

　超音波美顔器なる製品も販売されています．これは，約5 MHzの超音波発振体をジェル（クリーム状のモノ）を介して顔に当て，イオンの助けによる皮膚の毛穴の汚れ洗浄や超音波の刺激による肌の引締め効果があるとされています．ジェルは，超音波発振体と肌との間の超音波の伝達効率を高めるために使われています（空気層が間に入ると，超音波が伝わりにくくなります）．著者の一人の近所には，この装置を用いた「超音波エステ」なるお店もあります．

　超音波歯ブラシは，その発生装置が歯ブラシのヘッドに搭載されており，口中の水分を介して歯や歯茎に超音波振動を伝えています．振動数は1.6～2 MHzで，これまで音波歯ブラシ（振動数200～300 Hz）では難しかった歯のプラークの細菌や歯にこびりついた不溶性グルカン（歯垢のもとになる大きな汚

(a) 超音波しみ抜き機
〔多賀電気㈱〕

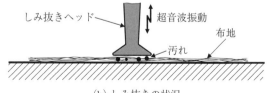
(b) しみ抜きの状況

図1.21　超音波しみ抜き機

れ) を破壊できるといわれています．

超音波しみ抜き機は，図 1.21 のようなしみ抜きヘッドの先端によって洗浄剤を含んだ布地を超音波振動で軽く叩くことによってしみ抜きができます．生地を傷めず，動作音も静かなのが特長です．油性，水性 (蛋白系)，水性 (タンニン系) の汚れに対してそれぞれ洗浄剤が用意されています．

1.3.3 溶着作用を利用した機器

超音波溶着ホッチキスは，図 1.22 のように，縦方向に振動するステムと下のアンビルとの間に挟んだプラスチックなどを，発生する熱により溶着，すなわち熱により接着するものです．果物や野菜のプラスチック容器などにしばしば使われています．

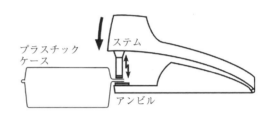

図 1.22 超音波ホッチキス

ワイヤボンディングは，IC の中の回路に電気を送り込むための導線を配線する作業です (図 1.23)．これには，熱圧着方式と超音波熱圧着方式があります．後者には，熱および荷重に加えて超音波振動を併用することにより，前者

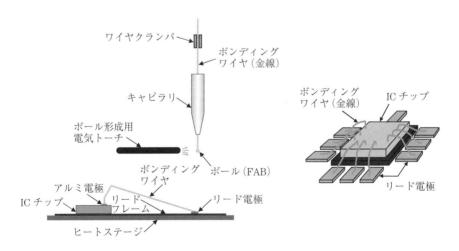

図 1.23 ワイヤボンディングの概要

20　第1章　超音波の基本的な性質と身近な応用例

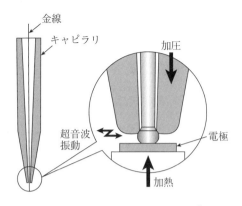

図1.24　ワイヤボンディングのキャピラリ
（超音波熱圧着接合）

より低い温度（100〜250℃）でボンディングできます．生産工場で多用されているICチップのワイヤボンディングでは，普通，ワイヤとして金線が使われており，それを **図1.24** のキャピラリという工具の中を通し，それを位置決めしながらボンディングしていきます．その際，超音波熱圧着方式では，熱と荷重を加えると同時にキャピラリを表面と平行方向（場合によっては縦方向と複合）に超音波振動させてボンディングします．金属表面酸化膜などを破壊して接着するのが特長です．

1.3.4　霧化作用を利用した機器

超音波アロマディフューザは，超音波振動を付加した噴霧装置から水とアロマオイルを霧化させて部屋の空気をリフレッシュしたり，就寝前に体をリラックスさせたり，気分を集中させる効果をもつといわれています．

次に，超音波霧化作用を利用したお酒（エタノール＝エチルアルコール）の濃縮のお話をしましょう．一般的に，蒸留酒は，水（100℃）とエタノール（80

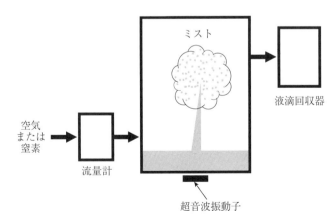

図1.25　超音波霧化作用の様子

℃)の沸点の差を利用して，エタノールを優先的に蒸発させ，回収してエタノール濃度を高くする方法でつくります．それに対して，超音波霧化による方法では，室温でエタノール濃縮が可能となります．図 1.25 に示すように，1.5 MHz の超音波振動子が内蔵された容器にアルコール度数 16 % 程度の日本酒を入れ，超音波振動を印加すると，キャピラリ波と呼ばれる液柱が立ちます．その先端から，超音波振動により微小水滴が引きちぎられ浮遊していきます．その液滴を回収するとアルコール度数が高まります[2]．その理由は，エタノール分子が液面付近に多く存在し，その液面付近が霧化するためなどといった説があります．超音波の周波数と霧化する液滴の大きさとの関係を表す式として，式 (1.23) に示す霧化平均粒径 d に関する Lang の実験式が知られています．

$$d = 0.68 \sqrt[3]{\frac{\pi T}{\rho f^2}} \tag{1.23}$$

このとき，T は液体の表面張力，ρ は液体の密度，f は周波数です．たとえば，10 MHz の超音波の場合，霧化される水の水滴の直径は 1 μm 程度の微小な水滴となります．

1.3.5 信号の送受信を利用した機器

家電器具 (テレビ，エアコン) のリモートコントローラの大部分は，現在は赤外線を利用したものですが，500 kHz 程度の周波数の超音波が使われていたことがありました．周波数が高くなると指向性が高くなるので，この手法が可能となり，家電器具に向けて発した超音波によってスイッチの ON/OFF やチャンネルの切換え，温度の設定などを行うことができました．

車の周囲数箇所に超音波センサ (送受信器) を取り付けておき，発射した超音波の反射波が戻ってくるまでの時間から車体と周囲の物との距離を測るものです (図 1.26)．駐車する際に車をバック

図 1.26　超音波駐車支援システム〔(株)村田製作所〕

させるときや左右にハンドルを切るときに,運転手の目の届かない車体と周辺との間の距離を感知して衝突防止に役立ちます.距離が一定値以下になると,警告音が出て運転者に知らせます.駐車支援システムなどと呼ばれています.これに類するものとしては,自動ドア開閉用,車の自動洗車装置の車感知用,モノレールの衝突防止用などにも使われています.

同様に,高いポールの先に超音波センサを取り付けて,地面に向けて超音波を照射すると,センサから地面までの距離を計測することができます.雪が降る地域では,積雪があるとセンサから雪の高さまでの距離を計測することになりますので,積雪量を計測することができます.このデータを各地から収集すると,リアルタイムで各地の積雪量を知ることができます.最近は,レーザを用いた計測が主流のようです.

1.3.6 治療への応用

腎臓結石の大きさが5 mm以上になると,体外から結石に焦点を合わせて衝撃波(超音波)を当てて結石を砂状に破砕し,尿の流れと一緒に排泄させる方法をとります.大きな石では,何回も体外衝撃波結石破砕治療(ESWL:Extracorporeal Shock Wave Lithotripsy)を繰り返し,徐々に結石を砕いていきます.現在では,治療の必要な尿路結石の90%以上にESWLを行っています.

1.3.7 食品への応用

(1) 酒の旨味出し

これは,超音波を熟成中の日本酒や焼酎に適切な時間送り込むと,アルコール分子が分裂分散され,熟成が早まったり,その味がうまくなるということです.「超音波熟成酒」として販売しているメーカーもあります.また,悪酔いや二日酔いもしにくくなるということもいわれています.

(2) 乾燥食品の膨潤

干し椎茸,干しずいきなどの乾燥食品の膨潤に超音波を適用することによって,調理時間の短縮や味の改良につながり,効果的であるとの報告[3]があります.

(3) 殺菌作用

超音波振動で発生する微小の気泡(キャビテーション)が崩壊するときに生

み出される衝撃波 (圧壊エネルギー) と，50℃ (低温殺菌)，天然わさびの殺菌成分による相乗効果が，超音波によって食品からかき出した菌を3分という超短時間で殺菌するということがいわれています．

参考文献

1) 稲場千佳郎 ほか：「超音波計測に基づく軸受部接触圧力の推定」，日本機械学会論文集 (C編)，**66**, 645 (2000) pp.1674-1680.
2) 松浦一雄：「超音波霧化分離法を用いた低沸点有機化合物の高濃度化と不揮発成分の濃縮」，日本醸造協会誌，**108** (2013) pp.310-317.
3) 原田澄子 ほか：「超音波を利用した調理法の基礎的研究─乾物類の膨潤・抽出について─」，富山短期大学紀要，**41** (2006) pp.39-45.

第 2 章 超音波はどのように発生させ，測定するのか

2.1 はじめに

　第 1 章では，わたしたちが感じることができる超音波の振舞いや，自然界に見ることができる超音波の現象などについて述べました．それに対して，超音波を工業的に利用して，金属やガラスなどの材料を曲げたり削ったりするためには，さらに大きなパワーの超音波を人工的につくり出し，それをコントロールすることが必要になります．第 2 章では，強力な超音波振動を発生させる具体的な方法について解説していきます．

　超音波振動発生の起源は，18 世紀の物理学上の発見から始まります．それは，振動する物質としての水晶の圧電効果の発見です．そして 19 世紀になり，フランスのポール・ランジュバン (Paul Langevin) は現在の振動子の基本構造をつくりました．さらに 20 世紀からは，水晶よりも強力な誘電セラミックスを使った電歪型の超音波振動子が開発されていきます．

　その超音波振動子は，交流電圧によって駆動させます．すなわち，電気エネルギーを機械エネルギーに変換するエネルギー変換素子としての役割をもっています．この原理を理解するためには，機械振動系と電気振動系との相互関係を知ることが必要です．最後に，超音波振動を効率よく駆動させるために，超音波振動ホーンという工具を用います．この超音波振動ホーンの設計には，若干の振動工学の知識が必要です．

　さあ，加工に応用するための強力な超音波を具体的に発生させる世界へと入っていきましょう！

2.2　超音波振動を発生させる　　　アクチュエータ「振動子」

　まず，超音波振動の振動源について考えてみましょう．音楽は可聴音ですが，その発生は，現在では，コンパクトディスク(CD)や電子メモリからの電気信号をスピーカで震わせて，空気の振動に変換していることを皆さんは知っています．これは，物理的に見ると電気エネルギーを振動エネルギーに変換していることに相当します．

　可聴音を超えた超音波振動も，同様に電気エネルギーを振動エネルギーに変換することで発生させます．ただしそのパワーは，音楽の場合とは桁違いに大きくなります．エネルギーを仕事に変換する装置はアクチュエータと呼ばれますが，超音波振動を発生させるアクチュエータは，一般的に振動子と呼ばれ，水晶，誘電(または圧電)セラミックスあるいは磁性体などの材料でできています．まずは，振動子について見てみることにしましょう．

2.2.1　水晶の圧電効果と水晶振動子

　超音波を人工的に発生させるための原理の発見は18世紀に遡ります．それは，水晶から始まりました．水晶は，二酸化ケイ素(SiO_2)という物質の結晶であり，図2.1に示すように，六角柱の結晶の形で自然界に存在しています．この水晶に電気を与えると，伸び縮みするという現象が，1880年にフランスでピエール・キュリー(Pierre Curie, 1859～1906年)と，その兄のジャック・キュリー(不詳)とにより発見されました．この現象は，水晶の圧電効果と呼ばれています．参考までに，ラジウム(Ra)などの放射性元素の発見で有名なキュリー夫人(Marie Curie, 1867～1934年)はピエールの妻です．

　この水晶の圧電効果について説明します．水晶の結晶の形を図2.2に示しますが，水晶には，異なる特性をもつ二つの軸が存在しています．点線で示した六角形の断面に垂直な方向は光軸と呼ばれます．一方，その光軸に直角な三つの軸AA′，BB′，CC′は電気軸と呼ばれます．この電気軸に直角に板状に水晶を切り出します．図2.3に示すように，この板に垂直に圧縮する力を加えると，結晶の表面に電荷が現れます．逆に垂直方向に引っ張ると，逆の電荷が発生します．これが水晶の圧電効果です．このとき，水晶板の両面に金属の電極

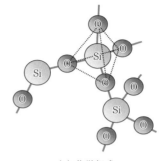

(a) 水晶 (日本キスラー提供)　　　　(b) 化学組成

図 2.1　水晶の結晶と化学組成 (シリコン Si と中心とした酸素 O によるダイヤモンド構造)

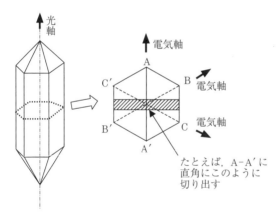

図 2.2　水晶の結晶構造と切出し方

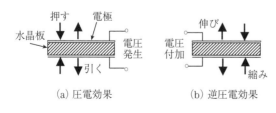

(a) 圧電効果　　　　　(b) 逆圧電効果

図 2.3　水晶の圧電効果と逆圧電効果

を付けると，両面の電極間で電圧が発生するわけです．一方，逆に，両電極間に電圧を加えると，水晶の厚みが伸縮し，逆の電圧を加えると，今度は逆に伸縮します．これは，逆圧電効果と呼ばれています．1881年に，ガブリエル・リップマン (Jonas Ferdinand Gabriel Lippmann, 1845～1921年) により発見されました．

この水晶板の電極に，ある周波数の交流電圧を加えることにより，水晶板はその周波数で振動します．逆

に水晶板が，ある周波数の振動を受けたときに，それと同じ周波数の交流電圧を発生させることができるわけです．前者はスピーカであり，後者はマイクロフォンということになります(**図 2.4**)．

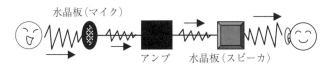

図 2.4 マイクロフォンとスピーカ

2.2.2 ポール・ランジュバンによる強力な水晶振動子の発明

フランス人のポール・ランジュバン (Paul Langevin, 1872～1946年) は，水晶を用いて工業的に利用することのできる強力な振動発生装置である水晶振動子を発明します．ランジュバンの名前は，後で述べますが，現在でも超音波振動子の名称にも使われており，超音波振動子の工業化に欠くことのできない人物です．

ポール・ランジュバンは，パリの物理化学高等専門学校の教授で新進の物理学者でした．1915年，雲母や水晶を用いて，世界で初めて超音波振動の発信と受信とに関する実験を成功させました．当時の超音波振動の状況は，水中で，周波数 40 kHz を用いていましたが，与える電圧や，それにより得られた振幅は現在に比べてごくわずかなものであったと記録されています．

なぜ，ランジュバンが超音波振動子の開発に取り組んだのでしょうか？1912年，イギリスが国家の威信をかけて製造した豪華客船「タイタニック号」が，その処女航海で氷山にぶつかり海に沈みました．1914年に勃発した第一次世界大戦では，フランスやイギリスの商船が，ドイツ軍の潜水艦「U ボート」による魚雷による攻撃に悩まされました．当時，海の中の障害物や潜水艦を見つける技術が望まれていたのです．しかしながら，海の中では，視界は限られ，電波で通信することもできません．そこで，当時の多くの科学者や技術者が，超音波を使った水中での通信や計測の技術の開発に取り組んだのです．

ランジュバンは，海中でも減衰することなく伝搬するような強力な超音波を得たいと考え研究を重ねます．その結果，1.2.3項で説明したような物体の共

振現象を利用することを思いつきます．太鼓などの打楽器やトランペットなどの管楽器は，すべてこの固有振動数の倍数の音である倍音が出るように設計されています．正方向に進行する波と逆方向に進行する波とが重なり合うことによって，波の振幅が倍増されていく原理です．

ランジュバンは，水晶振動子を固有振動数で共振させる方法を開発します．水晶振動子の長さを振動の波長の半分にすれば，行きの波と帰りの波とがぴったり合成されて，波の大きさが倍増するのです．すなわち，水晶振動子はその固有振動数で共振するわけです．しかしながら，水晶を半波長の長さに切り出すのでは，振動子がものすごく高価なものとなってしまうので，図 2.5 に示すように，水晶板を金属で挟み込んだサンドイッチ構造とし，その全体の長さを半波長（$\lambda/2$）の長さとした振動子を新しく開発し，強力な超音波振動を得ることに成功しました．この振動子の構造は，現在の電歪型振動子の原型となっており，ランジュバン型振動子と呼ばれています．ランジュバンは，1917 年にフランス海軍の協力を得て，この水晶振動子により海中での超音波通信実験を行い，「U ボート」を捕えることに成功したと記されています．

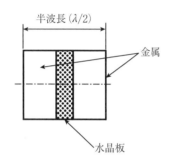

図 2.5　ランジュバンの水晶振動子

2.2.3　誘電体と電歪現象

金属などの電気を通す物質を導電体と呼びます．鉄，アルミニウムあるいは銅などの多くの金属は電気を通します．金属の原子は規則正しく並んでおり，電位差が生じると，図 2.6 (a) に示すように，電子は自由電子となって金属中

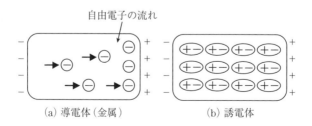

図 2.6　導電体と誘電体

を移動します．いわゆる電気が流れると称される現象です．

それに対して，金属などのように電気が流れるという現象ではなく，誘電体は，図 (b) に示すように，誘電体中の原子，結晶あるいは分子が＋と－の電荷をもっており，帯電体が近づくと電位差を生じ，あたかも電気が流れたのと同等の現象が生じます．電位差を発生させられる度合いは誘電体の物質によって異なり，その度合いを誘電率 (静電容量) と呼びます．水晶の単結晶は，結晶方位特有の分極方向をもっており，誘電体としての性質をもっています．

電歪現象とは，**図 2.7** に示すように，誘電体に正方向の電圧を加えたときには伸び，負方向の電圧を加えたときには縮む現象を指します．誘電体に正負の交互の電圧を加えると，誘電体は振動します．伸び縮みする距離は誘電体の静電容量によって決まり，振動数は交流電圧の周波数によって決まります．電歪現象を利

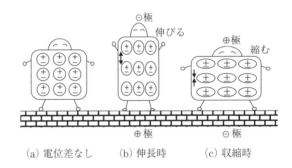

(a) 電位差なし　　(b) 伸長時　　(c) 収縮時

図 2.7　電歪現象

用した超音波の駆動体を電歪振動子と呼び，ランジュバンが発明した水晶振動子や後に述べる圧電 (誘電) セラミック振動子などがそれに相当します．

2.2.4　現在の圧電セラミック製の電歪型振動子

大昔から現在まで，人類は，地球の大地から有用な成分を抽出することで，役に立つ材料をつくってきました．鉄鉱石や砂鉄から鉄を抽出して鉄鋼材料をつくったり，土からケイ酸塩を抽出して，陶磁器，ガラス，セメントなどをつくったりしてきました．第二次世界大戦後にエレクトロニクス産業が始まると，磁器よりも高い純度をもつファインセラミックスが要求されてきました．窒化物や炭化物など，様々なファインセラミックスが研究され誕生していきました．

その中に，チタン酸バリウム ($BaTiO_3$) と呼ばれる圧電 (誘電) セラミックスがあります．このセラミックスは，1942 年ごろに，日本，アメリカおよび

旧ソ連で，ほぼ同時に水晶より優れた圧電特性を示すことが発見されたとされています．すなわち，天然物で貴重な水晶に代わる安価で特性が安定した電歪振動子の材料が開発されたわけです．

さらにその後，チタン酸ジルコン酸鉛系（$PbTiO_3$-$PbZrO_3$系固溶体）の圧電セラミックスが開発され，先のチタン酸バリウムを上回る性能が得られるようになりました．この圧電セラミックスは，通称PZTと呼ばれ，現在まで利用されています．現在，水晶は電子回路で用いる小さくて正確な発振子として利用され，PZTは強力なパワーを得るための振動子として利用されるというように役割分担されています．

圧電セラミックスは，電位差をもった結晶構造をしているのが特徴です．その製造方法は，粉体のセラミックスに樹脂などを混ぜて粘土状とし，金型で圧縮成形して任意の形をつくり，それを1000℃以上の高温で焼結して形をつくります．ただし，焼結したのみでは，図2.8(a)に示すように，それぞれの結晶の電位差はランダムな方向を向いており，電歪効果が現れません．そこで，図(b)のように，高電圧をかけて電位差の方向をそろえる処理が行われます．これを分極処理と呼んでいます．分極処理を行うことによって圧電セラミックスとしての機能が備わるわけです．ただ

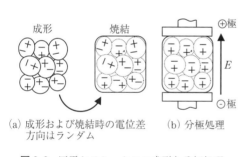

(a) 成形および焼結時の電位差方向はランダム　(b) 分極処理

図2.8 圧電セラミックスの成形と分極処理

し，この機能は，ある温度を超えると失われます．この温度をキュリー点と呼んでいます．一般的なPZTの場合，キュリー点は300℃付近にあります．したがって，超音波振動子はそれ以下の温度環境で使わなければなりません．

ポール・ランジュバンが発明した電歪振動子は，水晶からPZTに置き換わり，現在では，図2.9に示すように，PZTの両側の前面板と裏打ち板とをボルトで締め込む構造が主流になっています．名称は，発明者の名をとりボルト締めランジュバン型電歪振動子（BLT：Bolt-clamped Langevin-type Transducer）と呼ばれています．圧電セラミックス（PZT）は，およそ2〜5

mm 程度の厚さであり，2枚，4枚，あるいは6枚など，偶数枚で利用され，それぞれの端面にはリン青銅製などの薄い電極板が挟み込まれたサンドイッチ構造となっています．それぞれに，＋極と－極の電荷が加え

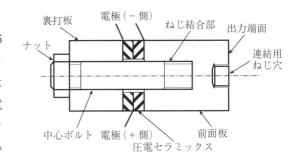

図 2.9　ボルト締めランジュバン型電歪振動子（BLT）

られます．また，－極側は振動子本体に導通しています．前面板と裏打板は，一般的にジュラルミン製であり，中心ボルトは鉄鋼やチタン合金製となっています．前面板の中心には振動ホーンと連結するためのねじ穴が設けてあり，そのねじ穴に，植込みボルトを挿入して締め込み，振動子とホーンの端面とを強固に密着させて連結します．これにより，振動子から発生した超音波振動を振動ホーンに伝達させるわけです．

2.2.5　超音波振動子の種類

このボルト締めランジュバン振動子（BLT）は，様々なタイプに発展しています．一般的な振動形式は縦振動です．実用されている周波数は，15～120 kHz 程度です．各種の BLT を 図 2.10 および 表 2.1 に示します．奥側の右から，20 kHz 動力用，38 kHz 洗浄機用，60 kHz 洗浄機用＋ホーン，手前は 27 kHz ねじり振動子となっています．様々な大きさと形状をもっていますが，長さは，その振動子の共振

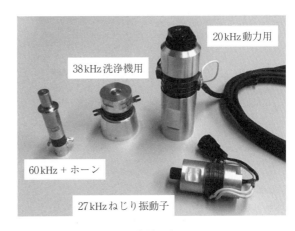

図 2.10　各種の市販 BLT

表 2.1 実用振動子の例

周波数	全長	直径	電気入力	主な用途
15 kHz	約 170 mm	約 40〜65 mm	〜2.4 kW	遊離砥粒加工 超音波溶接
20 kHz	約 125 mm	約 20〜50 mm	〜1.0 kW	遊離砥粒加工 超音波溶接 旋削加工
27 kHz	約 94 mm	約 20〜40 mm	〜500 W	超音波洗浄 超音波スピンドル (ねじり)
38 kHz	約 67 mm	約 15〜30 mm	〜200 W	超音波洗浄 超音波スピンドル
60 kHz	約 42 mm	約 10〜15 mm	〜100 W	超音波スピンドル
100 kHz	約 26 mm	約 8〜10 mm	〜50 W	ワイヤボンディング
120 kHz	約 21 mm	約 7〜9 mm	〜50 W	ワイヤボンディング

周波数から決まり，波長の半分となっています．直径と圧電セラミックス (PZT) の枚数は，電気容量と相関しています．すなわち，PZT の枚数が多く，直径が大きいほど電気容量が高いということになり，それだけ大きな振動エネルギーを出力できることになります．

形状については，用途に応じて特殊形状の振動子が製造されています．図 2.10 においては，38 kHz 振動子では，一般用は円筒形状になっているのに対して，洗浄機用では，出力端が広がった形状になっています．これは，図 1.20 でも示したように，広い面積の洗浄槽を少ない振動子数で駆動させる工夫です．このほか，液体などの供給用に中心が貫通した振動子など，用途に応じて様々な形状が開発されています．

縦振動する振動子は，**図 2.11** (a) に示すように，PZT の分極方向が振動子長さ方向に一致しています．すなわち，長さ方向に伸縮する構造になっています．それに対して，図 (b) はねじり振動子であり，外観は縦振動子とほとんど変わりませんが，内部では PZT が円周に沿って数分割されています．分割されたそれぞれの PZT の伸縮方向が，円周方向のずれ方向に配置されています．それによって，振動子はねじり方向に半波長のモードで共振するように

2.2 超音波振動を発生させるアクチュエータ「振動子」

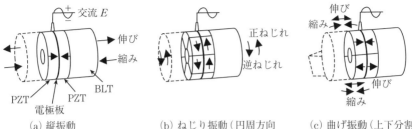

図 2.11 PZT の配置と振動方向

設計されています．ねじり振動の振動モードの設計に関しては，2.4.5 項において述べることとします．また，図 (c) は曲げ振動子であり，振動切削用のバイトを振動させるために特別設計されたものです．この振動子も，先端が旋盤用の切削工具であるバイトの形状をしている以外には，縦振動子と似た恰好をしています．やはり，PZT の配置に工夫があり，PZT は上下で 2 分割されており，それぞれの分極方向が逆になるように配置されています．これによって，同時に加えた電圧による伸縮方向が上下で逆になるため，全体が曲げ振動する仕組みです．

2.2.6 磁歪現象と磁歪振動子

水晶や PZT は，電圧を加えることによりひずみが生じる圧電材料ですが，純ニッケル，ニッケル鋼，コバルト鋼などは，磁界を加えるとひずみが生じる材料であることが古くから知られていました．それらの性質をもつ材料は，磁性材料と呼ばれています．これらの材料が超音波の分野に利用され始めたのは 1940 年ごろからです．その後，より高い性能をもつ磁性材料の開発が進み，1950 年には鉄-13 % アルミニウム合金のアルフェロと呼ばれる磁性材料が開発され，さらに 1960 年ごろには，酸化銅，酸化ニッケル，酸化コバルト，酸化鉄などを圧縮成形して焼結したニッケル-銅-コバルトフェライトなどの非金属で効率の良い磁性材料が開発され，周波数が 10～100 kHz 程度の超音波振動子として広く利用されてきました．

よく利用されているタイプの一つの NA 型超音波振動子を 図 2.12 に示します．前述のフェライトの 2 本の柱に電線を巻いてソレノイドを形成します．それに電流を流すと，式 (2.1) のように磁界が生じます．

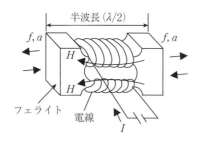

図 2.12 磁歪振動子

$$H = nI \tag{2.1}$$

ここで，n は電線の 1m 当たりの巻き数で，I [A] は流した電流です．磁界の強さは H [ヘンリー：A/m] で表します．

流す電流を振動させたい周波数の交流電流とすることにより，その周波数で電流の流れが逆転するごとに磁性材料が伸縮を繰り返すわけです．先のランジュバン型電歪振動子と同様に，磁性材料の長さを交流電流の周波数と同じ周波数で共振するように，固有振動数の半波長とすることによって磁性材料は強力に振動するわけです．

この原理による振動子は，総称して磁歪振動子と呼ばれています．当初のニッケルなどの金属材料の場合は，渦電流の発生による圧損が大きく，電気エネルギーから振動エネルギーへの変換効率はあまり高いものではなく，エネルギー損失分による発熱も大きく，水冷が必要でした．それに対し，後に開発されたフェライト系材料による振動子では，電気－振動エネルギー変換効率も高まりました．また，電歪型振動子の場合に比べて，高い負荷が加わったときの動作が安定しているなどの特徴があり，超音波加工や超音波溶接などの高い負荷が加わる加工用の振動子として利用されてきました．ただし，機械的強度があまり高くなく，破損しやすいことや，振動子とホーンをねじなどで機械的に接続することができないなどの問題点もあります．

2.3 超音波振動を発生させるための電気回路

強力なパワーを発生させるための超音波振動子には，一般的に電歪型振動子と磁歪型振動子とがあることは先にお話しました．現在では，この分野では，8 割がた電歪型振動子が利用されているようです．ここでは，超音波振動子をどのように駆動するのかどうかに関して，その原理を述べます．

それを理解するためのポイントは二つあります．一つは，振動子は電気エネルギーを機械エネルギーに変換するアクチュエータであるということ，二つ目は，振動子そのものが機械的に共振する形状をしているということです．すな

わち，変換した超音波振動の振動数を自らもつ固有振動数と一致させて，振幅を数倍に増幅しているのです．それによって，電気–機械変換効率は，電気エネルギーを回転エネルギーに変えるモータなどの，ほかのどの電気機械変換器よりもはるかに高くなります．まさに，自然現象を上手に利用したエコ機器であるといえましょう．

2.3.1 機械振動と電気振動

（1）機械振動：おもりとばねの間のエネルギー変換

第1章において，次式に示すようなばねと質量による単振動の運動方程式について説明しました．

$$m\frac{\mathrm{d}^2 x}{\mathrm{d}t^2} = -kx \tag{2.2}$$

この式は，左辺が質量と加速度の積による力であり，右辺がばねの伸縮による力であり，それらがつりあっている現象を表しています．

さて，仕事とは，物体に力を与えて動かすことです．また，仕事をする能力のことをエネルギーと呼んでいます．日常生活でも，『さあ！ エネルギーを蓄えて仕事をするぞ！』といいますね．では，先ほどのばねとおもりによる振動をエネルギーの観点で見てみましょう．

まず，**図2.13**に示すように，左右に運動しているおもりの運動エネルギーを考えます．高等学校で習う物理によると，質量 m の物体が速さ v で運動しているときの運動エネルギー E_k は次式で表されます．

$$E_k = \frac{1}{2}mv^2 \tag{2.3}$$

一方，ばねは，おもりの運動を受け止めて停止させ，それを

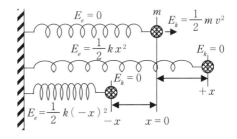

図2.13 運動エネルギーと弾性エネルギー

反対方向に運動させることを繰り返しているといえます．すなわち，ばねはおもりの運動を吸収して，次にそれを放出して再びおもりに運動を与えることをしています．ばね定数 k のばねを x だけ縮めた（伸ばした）ときのばねの

弾性エネルギーは，次式で表されます．

$$E_e = \frac{1}{2}kx^2 = \frac{1}{2}Fx \tag{2.4}$$

　この系におけるトータルのエネルギーは一定で，おもりの運動とばねの弾性との間でエネルギーをやりとりしながら振動という仕事をしていることになります．すなわち，振動の中間では弾性エネルギーが0で運動エネルギーが最大となり，振動の両端では反対に弾性エネルギーが最大で，運動エネルギーが0となるわけです．はじめに述べたように，エネルギーとは力×距離ですから，力の関係式である式(2.2)を距離で積分して，若干の計算テクニックが必要ですが，式(2.5)を求めることができます．これは，おもりの運動エネルギーとばねの弾性エネルギーの和が一定であることを示しています．

$$E_{\text{total}} = E_k + E_e = \frac{1}{2}mv^2 + \frac{1}{2}kx^2 \tag{2.5}$$

（2）電気振動：コイルとコンデンサの間のエネルギー交換

　ばねとおもりからなる機械振動系を電気振動系に置き換えてみると，**図2.14**のようになります．すなわち，おもりをコイルに，ばねをコンデンサに置き換えます．

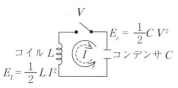

図2.14 コイルとコンデンサによる電気振動

　コイルは自己インダクタンス L [H：ヘンリー] を有しています．自己インダクタンスとは，コイルの能力の指数で，コイルは流れる電流 I [A] に応じて磁気エネルギーを蓄えることができます．その関係は，式(2.6)のように表されます．この式は，機械振動系における運動エネルギーの式である式(2.3)に対応します．

$$E_I = \frac{1}{2}LI^2 \tag{2.6}$$

　一方，コンデンサは電荷を蓄えることができ，その能力は電気容量 C [F：ファラッド] で表されます．蓄えることのできる電気量 Q は，$Q = CV$ で計算できます．また，コンデンサに蓄えられる静電エネルギーは式(2.7)のよ

うに計算できます．この式は，同様に弾性エネルギーの式である式 (2.4) に対応します．

$$E_c = \frac{1}{2}CV^2 = \frac{1}{2}QV \tag{2.7}$$

図 2.14 における直列回路では，電圧の位相がコイルでは $\pi/2$ 進み，コンデンサでは $\pi/2$ 遅れます．それによって，この回路では，はじめにコンデンサを充電したのち回路を閉じると，コイルとコンデンサ間で電気エネルギーのやりとりをして電気振動が生じます．この電気振動における固有角振動数 ω および固有振動数 f は式 (2.8) で表されます．

$$\omega = \frac{1}{\sqrt{LC}}, \quad f = \frac{1}{2\pi\sqrt{LC}} \tag{2.8}$$

すなわち，先の機械振動の場合と対応して，コイルのインダクタンス L がおもりの質量 m に，コンデンサの電気容量 C がばねのばね定数 k の逆数（これをコンプライアンスと呼びます）に対応しています．

電気は目に見えないので，教科書を読んでも なかなか納得できないのですが，力学的な単振動の原理は身近でわかりやすい現象です．この弾性と質量を組み合わせた力学的単振動が，コンデンサとコイルとの直列回路における電気振動と同じ現象として見ることができるわけです．超音波振動は，先に説明した超音波型振動子に電圧を与えることにより発生させるわけですが，このように，機械的な共振と電気的な共振とを一致させるという考え方が超音波振動発生の基本になっています．

（3）機械振動と電気振動との対応関係

ここで，機械振動と電気振動との関係を整理しておきましょう．これまで見てきた機械振動の運動方程式では，ばね定数と質量のみを考慮してきました．しかしながら，これは摩擦や空気抵抗などが存在せず，はじめにばねを引きのばしたら振動が永遠に続くという仮定です．ところが，現実には振動を減衰させる要素が存在します．そこで，振動を減衰させる要素として減衰係数を加えることにします．また，式 (1.13) に示したように外から外力が加わった場合も想定し，外力を F としておきます．

このときの振動系の模式図を電気回路の場合と対比して機械振動系と電気回

路との対応関係を一覧表にすると，**表2.2**のようになります．表中の図(a)の機械振動系の場合は，ばね定数に減衰係数を並列に配置させます．この構造は，電車や自動車などの車輪の支持，エレベータの支持など，身近なところにたくさん応用されています．すなわち，ばねが衝撃のエネルギーを吸収してダンパが振動を抑制するという設計です．一方，図(b)の電気回路の場合は，図2.14における L と C に加え抵抗 R と電源 V をそれぞれ直列に設置します．実際の電気機器には電源があり，回路構成による抵抗が存在しているので，これも現実の電気機器に近いといえます．

　表2.2の図(a)の機械振動系の模式図を運動方程式で記述すると，式(2.9)のようになります．右辺の粘性係数 c による力は物体の速度 $dx/dt\,(=v)$ に

表2.2 機械振動と電気回路の対応

(a) 機械振動	(b) 電気回路
質量 m	インダクタンス L
ばね定数 k	1/電気容量 $1/C$
減衰係数 c	抵抗 R
力 F	電圧 V
変位 x	電気量 $Q=\int I\,dt$
速度 $dx/dt=v$	電流 I
加速度 $d^2x/dt^2=a$	電流変化率 dI/dt
運動エネルギー $(1/2)mv^2$	磁気エネルギー $(1/2)LI^2$
弾性エネルギー $(1/2)Fx$	電気容量エネルギー $(1/2)CV^2$
機械インピーダンス $z_m=\sqrt{c^2+\left(m\omega-\dfrac{k}{\omega}\right)^2}$	電気インピーダンス $z_e=\sqrt{R^2+\left(L\omega-\dfrac{1}{C\omega}\right)^2}$

2.3 超音波振動を発生させるための電気回路

比例することとし,外力 F は角速度 ω で振動するとして,$F_0 \sin\omega t$ で表しています.右辺の粘性係数 c を含む項とばね定数 k を含む項を左辺に移動させると,2階の微分方程式のきれいな形になります.

$$\left.\begin{array}{l} m\dfrac{d^2x}{dt^2} = -c\dfrac{dx}{dt} - kx + F_0\sin\omega t \\[2mm] m\dfrac{d^2x}{dt^2} + c\dfrac{dx}{dt} + kx = F_0\sin\omega t \end{array}\right\} \quad (2.9)$$

一方,表2.2の図(b)の電気振動系は,同様に式(2.10)のようになります.直列回路の場合,電流 I は一定であり,コイルのインダクタンス L により発生する電圧は電流速度(電流の変化率)dI/dt に比例し,抵抗 R による電圧は電流 I に,またコンデンサの電気容量 $1/C$ による電圧は,電流の積分値である電気量 $Q\left(=\int I\,dt\right)$ に比例します.

$$L\frac{dI}{dt} + RI + \frac{1}{C}\int I\,dt = V_0\sin\omega t \quad (2.10)$$

機械振動と電気回路が,このように同じ性質をもっているということに驚くかも知れませんが,これらの力学と電磁気学のルーツは物理学にあり,それぞれの基礎をつくった16世紀のニュートン,18世紀のラグランジュやマクスウェルなどは,数学,力学,波動あるいは天文学にも大きな業績を残しているのです.したがって,両者は同じ数学で体系づけられているのです.

2.3.2 超音波振動系を駆動する電気回路

(1) 超音波振動子の駆動

超音波振動の発生は,図 2.15 に示すように,超音波振動子 (BLT) に超音波振動子がもつ固有振動数 f_0 に等しい交流電圧 V を加えることによって発生させることができます.すなわち,振動子に組み込まれている圧電セラミックス (PZT) に電圧が加わると,電歪効

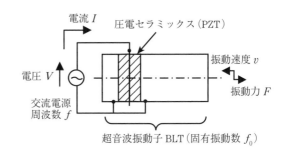

図 2.15 超音波振動子 (BLT) の駆動

果により圧電セラミックスにひずみが発生することは先に説明しました．このとき，特定の周波数 f の交流電圧を加えると，圧電セラミックスは，同じ周波数で伸縮し，さらに周波数を少しずつ変化させていき，周波数 f が超音波振動子の固有振動数 f_0 とぴったり一致したときに，振動子は最も強く振動します．いわゆる共振状態です．この状態は，電気系と機械系とが共振している状態です．前項の表 2.2 の電気エネルギーと機械エネルギーとが変換し合っているわけです．

電気回路には，電流の流れと電圧が発生することはおわかりですね．ここで，もう一度表 2.2 を見てみます．電気回路中の電流 I は，振動子の機械振動では振動速度 v に対応します．同様に，電圧 V は振動力 F に対応するわけです．また，機械振動系の質量 m は，電気回路中のコイルのインダクタンス L とみなされ，ばね定数 k はコンデンサの電気容量 $1/C$ に，減衰係数 c は抵抗 R に，それぞれみなされます．

振動子が駆動するときの二つの状況を**表 2.3** に示します．圧電セラミックスに電圧を加えて振動子に振動を発生させる作用は正方向の動作であり，これを正電歪効果と呼んでいます．流した電流 I に比例した振動速度 v が得られ，

表 2.3 正電歪効果と逆電歪効果

正方向動作	電流 I → v 振動速度 電圧 V → F 振動力	正電歪効果
逆方向動作	電流 I ← v 振動速度 電圧 V ← F 振動力	逆電歪効果

加えた電圧 V に比例した振動力 F が得られます．一方，外力の作用や共振の影響などにより振動子が振動した場合には，逆に圧電セラミックスに振動に応じた電圧が発生します．圧電セラミックスが振動を電気に変えるのです．これを逆方向の動作とし，逆電歪効果と呼んでいます．今度は，振動速度 v に比例した電流 I が流れ，振動力 F に比例した電圧 V が加わります．

超音波による加工では，相手に振動力を加えるとともに相手からも振動反力を受けるので，超音波振動子の駆動は決して一方通行ではなく，これらの正方向の動作と逆方向の動作とが絡み合って動作しているという特徴があります．超音波振動系を駆動するための電気回路には，それをコントロールする要素を備えている必要があるのです．

(2) 振動系の等価電気回路

図 2.15 に示した超音波振動子の駆動を電気回路の目で見ると，**図 2.16** のような電気回路になります．圧電セラミックスに電流を流すことで振動子が振動するわけですが，振動の発生状態は，振動子のもつ機械的特性である質量 m，ばね定数 k および減衰係数 c により決定されるわけです．それらは，電気の目で見ると，それぞれインダクタンス L_B，電気容量 $1/C_B$ および抵抗 R_B による回路に見えます．それらの直列回路に電流を流したものとみなすことができます．すなわち，それらの電気要素を含んだ回路に電気を流すものと考えて電気回路を設計します．このように，機械振動を電気振動に置き換えた回路を等価電気回路と呼んでいます．超音波振動の発生は，電気振動を機械振動に変換することによります．正面から見ると回転する円板が，横から見ると振動に見えるように機械の目と電気の目を適宜使い分けるわけです（**図 2.17**）．

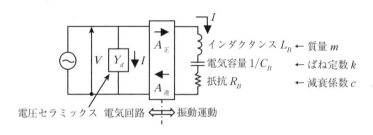

図 2.16 電気回路から見た振動子（等価電気回路）

図 2.16 中の振動運動部は，流した電流 I に比例した振動速度を発生させ，与えた電圧 V に比例した振動力を発生させます．ただし，何アンペアの電流を流したときに，何メートル毎分の振動速度が出るかどうかといっ

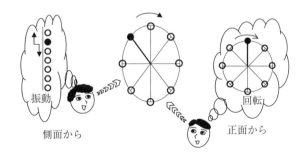

図 2.17 側面から見ると上下運動，正面から見ると回転（同じ現象でも見方によって異なる）

た具体的な設計をするためには，その比率を決めておく必要があります．その係数は力係数 A と呼ばれ，電流に対しては，$A = I_m/v$ として，電圧に対しては $A = F/V$ として決めておきます．

超音波振動子により発生する機械振動は，振動を伝送させるための振動ホーンおよび先端で仕事をするための工具へと伝えます（**図 2.18**）．そのときの等価電気回路を **図 2.19** に示します．超音波振動ホーンは，超音波振動子と同様に，インダクタンス L_h，電気容量 $1/C_h$ および抵抗 R_h による直列回路として表すことができます．工具は一般的に小さいので，質量のみをもつものとしてインダクタンス L_t とします．加工による負荷は，負荷の種類によってインダクタンス L_m，電気容量 $1/C_m$ および抵抗 R_m のどれかの要素が加わってきます．

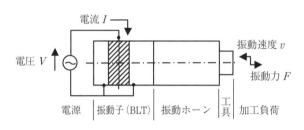

図 2.18 振動子，振動ホーンおよび工具の駆動

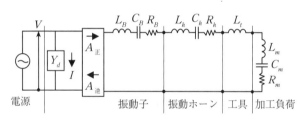

図 2.19 電気回路から見た振動子，振動ホーン，工具および加工負荷

（3）共振時の等価電気回路

超音波は，固有音響インピーダンス（＝密度×音速）に変化があるところでは，反射して戻ってくるという性質があることは，1.2.2 項で説明しました．**図 2.20** (a) に示すように，超音波振動子から発生された超音波振動は，超音波振動ホーンおよび工具先端で，金属と空気とでは固有音響インピーダンスが大きく異なるため，振動の大半はホーン先端で反射して逆方向に戻ってきます．ホーンの自由端における波の折返しの場合，波は同位相で戻ってくるため，行きの波と戻りの波とが，図 2.20 (b) のように合成されて定常波を形成

2.3 超音波振動を発生させるための電気回路   43

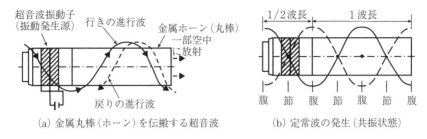

(a) 金属丸棒（ホーン）を伝搬する超音波　　(b) 定常波の発生（共振状態）

図 2.20　超音波振動の折り返しと共振

します．この定常波は，一見進行しない波で，かつ振幅が当初の波の2倍になります．振幅が最大の箇所を「腹」と呼び，ゼロの箇所を「節」と呼び，それらが1/4波長ごとに交互に発生します．振動子は連続して金属ホーンを励振し続けるので，振幅が数倍になっていきますが，これが1.2.3項で説明した共振現象であり，自然の原理に基づいて効率よく振動エネルギーが倍増されるわけです．強力なパワーが必要な超音波振動塑性加工や切削加工には，この共振現象の利用が不可欠となります．

図2.19に示した等価電気回路において，共振時の状態を考えてみます．等価回路中において，コイルは電圧の位相を$\pi/2$進ませ，コンデンサは$\pi/2$遅らせます．これを図2.21のように描いてみるとわかりやすくなります．すなわち，横軸を抵抗Rとすると，位相を$\pi/2$進ませた方向である上方向にインダクタンス，反対に位相を$\pi/2$遅らせた下方向に電気容量をとってみます．共振状態は，インダクタンスと電気容量とがちょうどイコールの状態を指しま

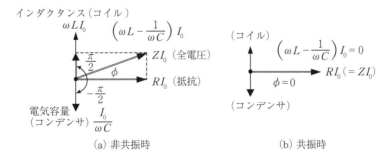

(a) 非共振時　　　　　　　　　(b) 共振時

図 2.21　電圧のベクトル表示

す．すると，上向きのベクトルと下向きのベクトルとが相殺されて，抵抗 R のみとみなすことができます．この状態が共振状態です．このときの電流と電圧の位相は一致しています．

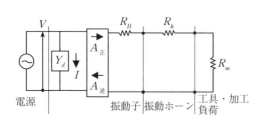

図 2.22 共振時の電気回路の状態

図 2.19 に示した超音波振動系の等価電気回路は，共振状態では，**図 2.22** のように書くことができます．共振時では，インダクタンス L と電気容量 C の成分がなくなり，抵抗 R のみが存在する回路と見ることができます．

2.3.3 実際の超音波発振回路の概要

実際の超音波発振回路の概要を**図 2.23** に示します．これは，変動する強い負荷を受けながらも安定した状態で強力超音波を発生させなければならない加工の分野でよく使われる形式です[1]．ただし，あくまでもわかりやすく説明するための概念図ですので，実際の回路構成とは異なるところもあります．超音波発振回路は，以下に述べるような四つのブロックで構成されています．

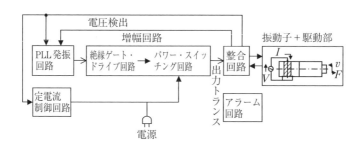

図 2.23 実際の超音波発振回路の概要 [1]

（1）PLL 発振回路

発振回路とは振動周波数を決める回路で，この方式は他励発振方式と呼ばれています．これには，PLL (Phase-Locked Loop) 発振回路が多く用いられています．PLL 発振回路は，先に図 2.22 で説明したように，超音波振動子

と振動系が共振したときに，電流と電圧との位相差がほぼ0になることを利用しています．PLL発振回路は，電圧制御発振回路と位相検出器とで構成されています．後で説明する整合回路からの電圧と電流を検出しながら，BLTの周波数変動を自動で追尾しながら発振周波数を制御しています．

（2）増幅回路

少し専門的ですが，この回路は，パワー・スイッチング回路と呼ばれる回路と，絶縁ゲート・ドライブ回路と呼ばれる回路により構成されています．

パワー・スイッチング回路は，超音波振動子を駆動する出力回路です．超音波振動子には，高い周波数の大電流が流れ込みます．これを制御する電子部品には，パワーMOS FETが利用されています．これは，大電流をON-OFF制御するための半導体部品で，いわば超音波発振回路の心臓部です．この部品は，大容量のサーボモータや発電機器などを制御するための心臓部品としても利用されています．MOSは，Metal Oxide Semiconductorの略で金属酸化膜のことです．一方，FETはField Effect Transducerの略で，電界効果型トランジスタと呼ばれています．トランジスタは，ベースからエミッタに小さな電流を流すと，それに応じて大きな電流がコレクタから流れるといった素子です．すなわち，ベースに流れる電流がスイッチで，スイッチにより大きな電流を流したり閉じたりするスイッチ素子です．パワーMOS FETは，それをより高精度に高速にして，かつ大電流に対応した素子になります．

絶縁ゲート・ドライブ回路は，パワーMOS FETに供給する電流が，商用電源やほかの素子からの外乱により乱れていると，そのスイッチング精度が保てないので，それらをトランスなどで絶縁してパワーMOS FETを駆動する回路です．

（3）定電流制御回路

定電流制御回路は，超音波振動子の負荷変動に対抗して一定の振幅で安定して駆動させるための制御回路です．

（4）整合回路

パワー・スイッチング回路から出力用のトランスを介して超音波振動子（BLT）が駆動されます．そのときに，整合回路は，図2.19で説明したように負荷の変動によるインピーダンスの変化を常に共振状態に整合するための回路

です．それが，PLL 回路にフィードバックされて，振動周波数が自動追尾されていくわけです．

2.4　超音波振動の伝送と振動系の設計

2.4.1　超音波振動の伝送と振動系の具体的イメージ
（1）超音波スピンドルからの具体例

超音波振動を切削加工や塑性加工などに応用するためには，超音波振動子から発生された超音波振動を上手に切削工具や金型に伝送させる必要があります．まず，具体例を参考にしながら，その技術のエッセンスをひもといてみましょう．

図 2.24 は，ドリル，エンドミル，砥石などの回転する切削工具を縦（軸）方向に超音波振動させながら回転させることができる超音波スピンドルの一例です．この構成は，超音波振動子 (BLT) に，2 箇所の固定用フランジをもつ 1 波長の長さをもつ超音波振動ホーン（振幅を高めるという観点からブースタと呼ばれることもあります）が，連結ねじにより設置され，その先端にチャック（超音波振動ホーンの役目を兼ねる）が設置され，先端にドリルが取り付けられている構成をしています．チャックは，1 波長ホーンにテーパとねじにより固定され，主軸との芯を合わせながら強固に固定されます．ドリルも，焼きばめ，すり割り，あるいはコレットなどの方式により芯を合わせながら強固に固定されます．

これらの振動系が，2 箇所の固定用フランジを介して回転する主軸に挿入さ

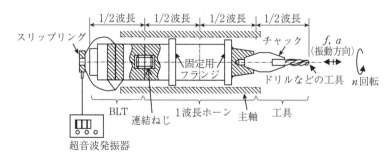

図 2.24　超音波振動系の具体例

れています．また，振動子への電力の供給は，振動子後端のスリップリングとブラシ（回転しながら電気を伝える装置）により行われています．

超音波振動系の構成は，このように1/2波長の長さを基本として設計あるいは構成され，振動子からの振動を先端の工具まで伝達し，かつ振動系全体が振動子と同じ周波数で共振しているところに大きな特徴があります．

（2）超音波振動系の振動モード

さて，図2.24の振動系の振動モードを詳しく見てみましょう．超音波振動子は，2.2.2項で説明したように，全長が1/2波長の長さを有しています．両端が自由端で振動の腹となり，長さ方向の振幅が最大となり，中心が振動の節であり，長さ方向の振幅が0となります．超音波振動ホーンは1波長の長さとなっており，両端の接続部および点線の中心の3箇所が振動の腹で，2箇所のフランジが振動の節となっています．

この1波長振動ホーンの振動モードおよび動作状態を図2.25に示します．ホーンは，図2.20にも示したように，振動子から伝搬した実線で示す波が右側に進行し，それがホーンの先端（自由端）で反射して，点線に示すように戻ります．自由端での波の反射は，同位相で戻ってきますので，両者は周波数と位相が一致しています．そのため，合成されて進行しない波である定常波（定在波）を形成するわけです．

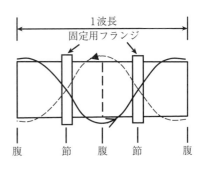

図2.25 超音波振動ホーンの振動モード

1/2波長振動ホーンごとに分解して考えた場合，図2.26に極端に変位を拡大して示すと，両端の自由端が互いに反対方向に伸び縮みする振動モードで振動します．振動変位は，図の実線の状態から伸長した場合で一点鎖線のような

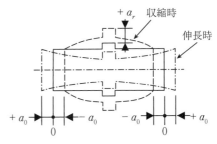

図2.26 1/2波長ホーンの伸縮

形状に，収縮した場合で破線のような形状となります．ここで，中央フランジ振動節部において，長さ方向の変位は確かに0ですが，半径方向に変位が生じていることがわかります．これは，材料のポアソン比の効果による横ひずみの振幅です．ホーン端面の片振幅を a_0 と仮定すると，この横方向の振幅 a_r は，おおよそ式 (2.11) で計算することができます．このとき，d および l は，それぞれホーン直径および長さを表します．ν は材料固有の値でポアソン比と呼ばれ，金属材料の場合では，0.28～0.34程度の値をとります．したがって，一般的なホーンでは，横方向の振幅は，縦方向に比べて数%の小さな値になります．

$$a_r = \nu \frac{a_0}{l} d \tag{2.11}$$

次に，ホーン内部に発生している力(応力)について考えてみます．ホーンの変位と応力との関係を **図2.27** に示します．変位曲線は，正弦波形を描き，これまで述べたように両端で最大となり，中央で最小となります．応力は，それとは反対になります．すなわち，両端で最小となり，中央で最大となります．このことから，ホーン中央が最も応力が高く，超音波振動の周期で引張りと圧縮とが繰り返されています．その応力は，両端の変位が大きくなるほど高くなりますので，ホーン中央での疲労破壊に注意しなければならないことになります．

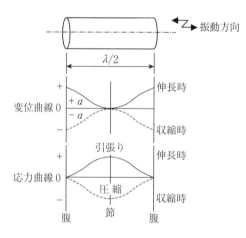

図2.27 1/2波長ホーンの変位と応力

2.4.2 弾性体の力学からの超音波振動ホーンの設計
(1) 波動方程式を求めてみる

超音波振動ホーンの設計法に関して解説します．超音波振動ホーンの設計は，弾性体の力学に基づいています．まずは，最も基本的な一様断面の縦振動

ホーンの場合に関する弾性体の力学から 1/2 波長のホーンを設計してみることにしましょう.

図 2.28 に示すような単純棒を考えます. この棒は, 一様断面をもち, かつ断面形状の変化がなく, 長さ方向のみに振動するものと仮定します. 図において, m-n と m_1-n_1 間の微小要素 S の運動を考えます. すなわち, 2.3.1 項における質点の運動に伴う力とばねの弾性力とのつりあいと同様の考え方を弾性体の力学に置き換えます.

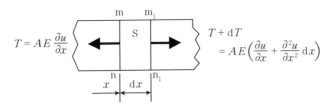

図 2.28 振動する単純棒の微小要素のつりあい

はじめに, m-n 断面にかかる左向きの力 T は式 (2.12) のように表されます. ここで, A は微小要素 S の断面積, E は材料の縦弾性係数, u は振動変位, $\partial u/\partial x$ は m-n 断面における微小要素のひずみを表しています.

$$T = AE\frac{\partial u}{\partial x} \tag{2.12}$$

一方, m-n 断面から dx だけ離れた m_1-n_1 断面にかかる力は, 式 (2.13) のようになります. 右辺の $\partial u/\partial x + (\partial^2 u/\partial x^2)dx$ は, m-n 断面におけるひずみに dx 離れた分のひずみ増加分が加わっています.

$$T + dT = AE\left(\frac{\partial u}{\partial x} + \frac{\partial^2 u}{\partial x^2}dx\right) \tag{2.13}$$

次に, 微小要素 S の運動に伴う力は式 (2.14) のように表されます. すなわち, 質量 $A\rho dx$ に発生した加速度 $\partial^2 u/\partial t^2$ をかけた量となります.

$$A\rho dx \frac{\partial^2 u}{\partial t^2} \tag{2.14}$$

式 (2.12)〜(2.14) 間で運動方程式をつくると, 式 (2.15) のようになります.

$$\left.\begin{aligned}A\rho\,\mathrm{d}x\frac{\partial^2 u}{\partial t^2} &= -AE\frac{\partial u}{\partial x}+AE\left(\frac{\partial u}{\partial x}+\frac{\partial^2 u}{\partial x^2}\mathrm{d}x\right)\\ A\rho\,\mathrm{d}x\frac{\partial^2 u}{\partial t^2} &= AE\frac{\partial^2 u}{\partial x^2}\mathrm{d}x\\ \frac{\partial^2 u}{\partial t^2} &= \frac{E}{\rho}\frac{\partial^2 u}{\partial x^2},\quad \frac{\partial^2 u}{\partial t^2}=c^2\frac{\partial^2 u}{\partial x^2}\end{aligned}\right\} \quad (2.15)$$

ここで，$c^2 = E/\rho$ としました．この $c\,(=\sqrt{E/\rho})$ は，弾性体中の縦波の音速を表しています．この式 (2.15) の最終式は波動方程式と呼ばれ，弾性体における振動の基本式となっています．この微分方程式の解を求めることによって，縦振動ホーンの長さを決めることができるわけです．

(2) 波動方程式の一般解を求める

式 (2.15) の波動方程式の解を求めてみます．この方程式は，振動変位 u が変位 x と時間 t の両方の関数となっていて複雑です．このような関数は，偏微分方程式と呼ばれます．このような微分方程式の解を求める一つの方法は，解を式 (2.16) のように仮定する方法があります．すなわち，x と t の両方の関係である変位 u が x のみの関数 u_1 と t のみの関数 u_2 との積で表されるという仮定です．

$$u = u_1 \cdot u_2 \quad (2.16)$$

この式を元の波動方程式の式 (2.15) に代入します．代入するために，式 (2.16) を微分してみます．この微分は，積の微分の公式を使ってそれぞれ式 (2.17) および式 (2.18) のように微分することができます．

$$\frac{\partial u}{\partial x}=u_2\frac{\mathrm{d}u_1}{\mathrm{d}x},\quad \frac{\partial^2 u}{\partial x^2}=u_2\frac{\mathrm{d}^2 u_1}{\mathrm{d}x^2} \quad (2.17)$$

$$\frac{\partial u}{\partial t}=u_1\frac{\mathrm{d}u_2}{\mathrm{d}t},\quad \frac{\partial^2 u}{\partial t^2}=u_1\frac{\mathrm{d}^2 u_2}{\mathrm{d}t^2} \quad (2.18)$$

式 (2.17) および式 (2.18) をそれぞれ式 (2.15) に代入すると，式 (2.19) が得られます．

$$u_1\frac{\mathrm{d}^2 u_2}{\mathrm{d}t^2}=c^2 u_2\frac{\mathrm{d}^2 u_1}{\mathrm{d}x^2} \quad (2.19)$$

この式の両辺を式 (2.16) で割ると式 (2.20) が得られます．この式は，左辺は変位 t のみの関数となり，右辺は時間 x のみの関数となります．x と t は

そもそも独立した変数なので，お互いに無関係な特定値に等しくなります．ここでは，のちの計算を見やすくするために，その特定値を $-\omega^2$ と置くと，式 (2.21) が得られ，それぞれを分離して書くと時間 t のみに関する微分方程式 (2.22) と，変位 x のみに関する微分方程式の式 (2.23) が得られます．

$$\frac{1}{u_2}\frac{d^2 u_2}{dt^2} = \frac{c^2}{u_1}\frac{d^2 u_1}{dx^2} \tag{2.20}$$

$$\frac{1}{u_2}\frac{d^2 u_2}{dt^2} = \frac{c^2}{u_1}\frac{d^2 u_1}{dx^2} = -\omega^2 \tag{2.21}$$

$$\frac{d^2 u_2}{dt^2} + \omega^2 u_2 = 0 \tag{2.22}$$

$$\frac{d^2 u_1}{dx^2} + \frac{\omega^2}{c^2} u_1 = 0 \tag{2.23}$$

式 (2.22) および式 (2.23) の解は，それぞれ式 (2.24) および式 (2.25) のように求められます．

$$u_2 = C_2 \cos(\omega t - \delta) \tag{2.24}$$

$$u_1 = C_1 \cos\left(\frac{\omega}{c}x - \varphi\right) = A\cos\frac{\omega}{c}x + B\sin\frac{\omega}{c}x \tag{2.25}$$

これらの二つの解より，変位と時間の関係解は，定数 C_2 を定数 A および B に含めて考えると式 (2.26) のようになります．

$$u = u_1 \cdot u_2 = \left(A\cos\frac{\omega}{c}x + B\sin\frac{\omega}{c}x\right)\cos(\omega t - \delta) \tag{2.26}$$

これが，縦振動ホーンの寸法を求めるための一般式となります．この解を見ると，ω はまだ明らかにされていない定数で，振動の角速度となります．A, B および δ は振動の初期条件で決まる定数になります．次に，ホーンの境界条件ごとに解を求めてみます．

（3）縦振動ホーンを設計する

・境界条件1：両端固定の場合

この場合は，両端に当たる $x=0$ および $x=l$ において変位は 0 であるので，$u_1=0$ とすることができます．まず，$x=0$ において $u_1=0$ となるためには，$\cos\{(\omega/c)\cdot x\}$ は $x=0$ のときは 0 にはならないので，式 (2.27) が得られます．

$$A = 0 \tag{2.27}$$

次に，$x=l$ において $u_1=0$ となるためには，式 (2.28) が得られます．

$$\sin\frac{\omega}{c}l = 0, \quad B \neq 0 \tag{2.28}$$

なお，$A=0$ で，かつ $B=0$ となってしまうと，変位が生じなく振動が止まってしまうことになってしまいます．このとき，sin を 0 とする角度は $0, \pi, 2\pi, 3\pi, \cdots$ と続くので，

$$\frac{\omega}{c}l = 0, \pi, 2\pi, 3\pi, \cdots$$

よって，ω は式 (2.29) のようになります．

$$\omega = \omega_n = \frac{n\pi c}{l} \quad (n=1,2,3,\cdots) \tag{2.29}$$

この ω_n は固有角周波数と呼ばれ，これを振動数に直し，さらに $c=\sqrt{E/\rho}$ の関係を入れると，式 (2.30) のようになります．

$$f_n = \frac{1}{2\pi}\omega_n = \frac{nc}{2l} = \frac{n}{2l}\sqrt{\frac{E}{\rho}} \tag{2.30}$$

ここで，$n=1$ の場合を基本振動数と呼び，最も低い周波数の固有振動数であり，$n=2,3,\cdots$ と増えていくほど高い次数の振動数となっていきます．

• 境界条件 2：両端自由の場合

この場合は，両端に当たる $x=0$ および $x=l$ において応力が 0 であるので，ひずみも 0 であるとして，$\partial u/\partial x = 0$ として考えます．まず，式 (2.26) を x で偏微分すると，式 (2.31) を得ることができます．

$$\frac{\partial u}{\partial x} = \left(-A\frac{\omega}{c}\sin\frac{\omega}{c}x + B\frac{\omega}{c}\cos\frac{\omega}{c}x\right)\cos(\omega t - \delta) \tag{2.31}$$

まず，$x=0$ において $\partial u/\partial x = 0$ となるためには，式 (2.32) のようになり，$\cos 0 = 1$ ですので，$B=0$ である必要があります．

$$\left(B\frac{\omega}{c}\cos 0\right)\cos(\omega t - \varphi) = 0 \tag{2.32}$$

また，$x=l$ において $\partial u/\partial x = 0$ となるためには，式 (2.33) のようになり，

$$\left(-A\frac{\omega}{c}\sin\frac{\omega l}{c}\right)\cos(\omega t - \varphi) = 0 \tag{2.33}$$

$A \neq 0$ とすると，$\sin(\omega l/c) = 0$ である必要があります．このとき，sin を 0

とする角度は，両端固定の場合と同様に $0, \pi, 2\pi, 3\pi, \cdots$ と続くので，

$$\frac{\omega}{c} l = 0, \pi, 2\pi, 3\pi, \cdots$$

よって，ω は式 (2.29) と同様に式 (2.34) のようになります．

$$\omega = \omega_n = \frac{n\pi c}{l} \quad (n = 1, 2, 3, \cdots) \tag{2.34}$$

これを振動数に直すと，やはり式 (2.30) と同様に式 (2.35) のようになります．

$$f_n = \frac{1}{2\pi}\omega_n = \frac{nc}{2l} = \frac{n}{2l}\sqrt{\frac{E}{\rho}} \tag{2.35}$$

基本振動数と高次の振動数との関係は，前述と同様です．また，式 (2.35) の式は第1章における式 (1.18) と同じ形であることもわかります．

以上の両端固定の場合の式 (2.30) および両端自由の式 (2.35) を見ると，縦振動ホーンの長さ l は，固有振動数 f_n，ホーン材質の縦弾性係数 E および密度 ρ，および周波数次数 n で決まることがわかります．それぞれを図で示すと，**図2.29**のようになります．超音波振動系において基本となる1/2波長ホーンの長さを求める場合は，両端自由の条件で $n=1$ とおけば，その長さが求められるわけです．

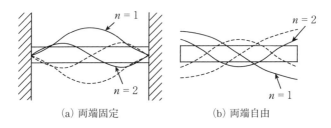

(a) 両端固定　　(b) 両端自由

図2.29　縦振動棒の振動モード

2.4.3　縦振動ホーンの基本特性

これまで，縦振動ホーンについて，弾性体の力学を使って説明してきました．若干難しく感じた読者もいるかも知れません．考え方の基本を知ることはもちろん重要ですが，具体的な設計に当たっては，1/2波長の縦振動ホーンの

長さ l は，式 (2.35) を変形した式 (2.36) により設計することができます．このとき，λ は波長，f は振動数，c はホーン中の音速です．

$$l = \frac{\lambda}{2} = \frac{c}{2f}, \quad c = \sqrt{\frac{E}{\rho}} \tag{2.36}$$

半 (1/2) 波長の縦振動ホーンは，図 2.26 にも示したように，その中心が定常波の節で両端が定常波の腹になります．その振動の動きは，体感的には，ゴムの丸棒の両端をつかんで伸縮させるイメージです．ホーンの両端で変位が最大となり，中央がまったく動いていないことが想像できます．また，縦振動ホーンの内部にかかる力のイメージは，図 2.27 に示したように，縦振動ホーンの両端には内部の力 (応力) が加わらず，その中央部に最大応力が加わります．このことは，超音波振動ホーンの設計に当たってきわめて重要な現象で，超音波振動ホーンの連結は，応力が 0 の定常波の腹の位置を利用して行われます．すなわち，連結部などの連続していない界面では，変位は伝達することができますが，応力の伝達が難しいのです．

縦振動ホーンの断面積を **図 2.30** のように中央の節の箇所で変化させることにより，超音波振動の振幅を変化させることができます．図のようなホーンの形状を段付き (step) ホーンと呼んでいます．振幅を a，ホーンの断面積を S とすると，振幅拡大率 a_2/a_1 は式 (2.37) で表されます．

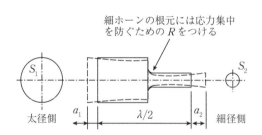

図 2.30 縦振動ステップホーン (1/2 波長)

$$\frac{a_2}{a_1} = \frac{S_1}{S_2} \tag{2.37}$$

すなわち，振幅拡大率は断面積の比の逆数になり，断面積が大きくなると振幅が減少し，断面積が小さくなると振幅が増加します．半波長ホーンの中央の節の箇所は変位 0 ですので，振動の力とエネルギーのバランスがとれているわけです．わかりやすく力のバランスで考えてみると，ニュートンの法則により「力」＝「質量」×「加速度」で表されます．このことから考えると，断面積

が小さくなり質量が減少すると，その分，振幅が増えて加速度が増えないと，力のバランスが崩れるのです（図2.31）．

工業的には，この性質を利用して様々な断面曲線をもった縦振動ホーンが考案され利用されて

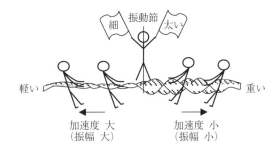

図2.31　ホーン中の力のつりあいのイメージ

います．実用されている主な縦振動ホーンを図2.32に示します．先に説明したステップホーンのほかに，円すい形状（conical）ホーン，指数曲線形の指数型（exponential）ホーンなどがあり，振幅拡大率や応力集中係数，あるいは製作コストなどを考慮して使い分けられています．

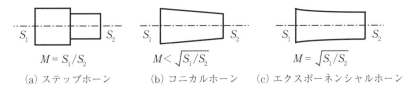

図2.32　各種縦振動ホーンと振幅拡大率（M：振幅拡大比）

振幅拡大率とは，超音波振動ホーンの超音波振動子が発生した振動子端面での振幅をホーン先端でどれだけ拡大することができるかを表す指標です．振幅拡大率はステップホーンが最も高く，次いでエクスポーネンシャルホーン，コニカルホーンの順になりますが，応力集中係数はその逆になりますので，応力が集中する振動節の位置の設計には，疲労で破壊しないよう注意が必要です．

2.4.4　曲げ振動ホーンの基本特性

超音波を加工に利用する場合，最も利用頻度が高いのが縦振動型のボルト締めランジュバン型電歪振動子（BLT）と縦振動ホーンを利用する場合です．その振動子は比較的安価で，振動ホーンもつくりやすく，工具も取り付けやすいといった特徴があります．それに対して，曲げ振動ホーンを利用する場合もあ

ります.

　曲げ振動ホーンは，様々な断面形状の棒や板の形状で用いることができます．ここでは，最も単純で多く利用されている長方形断面の棒形状のホーンについて簡単に説明します．長方形断面の棒の曲げ振動ホーンの基本振動モードを 図 2.33 に示します．振動モードは，両端が自由端でその中心に振動腹が 1 箇所および振動節が 2 箇所存在する一次モード，両端を含めて 4 箇所の振動腹と 3 箇所の振動節が存在する二次モード，あるいは 5 箇所の振動腹と 4 箇所の振動節が存在する三次モードといったモードが利用されます．波長でいえば，一次モードは 1 波長，二次モードは 1.5 波長，および三次モードは 2 波長ということになります．さらに，1/2 波長ずつ伸ばしていくことによって，四次以上のモードの曲げ振動ホーンを設計することができます．

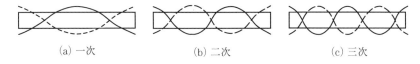

図 2.33　曲げ振動ホーンの基本モード (両端自由)

　ここでは詳しく触れませんが，曲げ振動の弾性振動挙動も，2.4.2 項で詳しく示したものと同様に，波動方程式と呼ばれる時間と変位に関する偏微分方程式によって表されます．その式から，曲げ振動の固有角周波数 ω_n と形状との関係は式 (2.38) のように求めることができます．

$$\omega_n = \frac{k_n{}^2}{l^2}\sqrt{\frac{EI}{\rho A}} \tag{2.38}$$

上式における k_n は振動数次数であり，1.2.3 項と同様に，一次から順番に数値が決まります．たとえば，三次までの値は $k_1 = 4.730$, $k_2 = 7.853$, $k_3 = 10.996$ となります．l は，求めるべき曲げ振動ホーンの全長です．E は，ヤング率または縦弾性係数と呼ばれ，曲げ振動ホーンに用いる材料により決まります．ρ は，同様に密度です．ここでの I は，断面二次モーメントと呼ばれ，棒の断面形状による曲げ剛性の大きさを表しています．長方形断面の場合の断面二次モーメント I は，式 (2.39) により計算でき，b は幅を h は厚さ (高さ) を

表します．最後に，A は曲げ振動ホーンの断面積です．

$$I = \frac{bh^3}{12} \tag{2.39}$$

実際の曲げ振動ホーンの使用例を**図2.34**に示します．この例では，金型の深いポケットの底を超音波振動切削により仕上げ加工するための実験装置として製作しました．ボルト締めランジュバン型の縦超音波振動子(BLT)に1波長の長さの縦振動ホーンをねじで連結し，縦振動ホーンの中間の振動腹の箇所に一次の曲げ振動シャンク(バイト)をテーパとねじで固定しました．曲げ

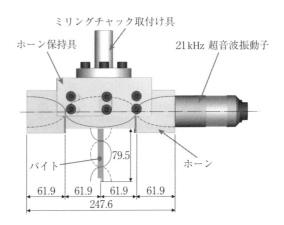

図2.34 曲げ振動を利用した振動系の具体例（21 kHz 超音波振動金型加工装置）

振動シャンクの長さ l を先の式 (2.38) および式 (2.39) により計算して決定し，その先端に切削用の超硬チップをろう付けしました．これにより，超硬チップを切削方向と同方向に超音波振動させることができ，金型の深いポケットの底の超音波振動切削実験を行いました．

2.4.5 ねじり振動ホーンの基本特性

超音波振動ホーンの振動モードには，先の縦振動，曲げ振動のほかに，ねじり振動モードが存在します．ねじり振動モードは，雑巾を絞るような動きをする振動モードで，**図2.35**に示すような動きをします．すなわち，半 (1/2) 波長ごとに定常波の腹と節が出現するのは縦振動モードと同様ですが，振動方向が縦方向ではなく，円周方向となります．縦振動の場合は，ホーンの直径にかかわらず振動端面での振幅は一定でしたが，ねじり振動の場合は，振幅がホーンの直径に依存しますので，振幅角 θ で表現します．

ねじり振動の場合の固有角周波数 ω_n と形状との関係は，式 (2.40) のよう

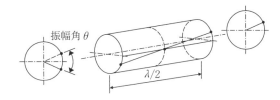

図 2.35 ねじり振動ホーンの基本モード (一次)

に求めることができます．

$$\omega_n = \frac{k_n}{l}\sqrt{\frac{G}{\rho}} \qquad (2.40)$$

ここで，上式における k_n は振動数次数であり，2.2.4 項と同様に，一次から順番に数値が決まります．たとえば，一次から順番に三次までは $k_1 = \pi$，$k_2 = 2\pi$，$k_3 = 3\pi$ となります．l は求めるべきねじり振動ホーンの全長です．G は横弾性係数と呼ばれ，ねじり振動ホーンに用いる材料により決まります．ρ は同様に密度です．

実際のねじり振動ホーンの使用例を **図 2.36** に示します．この例では，ダイヤモンド砥粒電着リーマといって，直径 6 mm 程度の焼入鋼の研削仕上げされた内面をさらに鏡面仕上げするための加工に適用されました．具体的には，ディーゼルエンジンの燃料噴射ポンプといって，鏡面仕上げされたシリンダの中に同様に鏡面仕上げされたピストンが挿入され，数 μm の精度で摺動し，燃料をエンジン内に噴射する部品です．

このとき，ダイヤモンド砥粒電着リーマをねじり振動させるための振動系

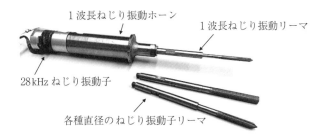

図 2.36 ねじり振動主軸の具体例 (28 kHz ねじり超音波振動リーマ加工装置)

を設計しました．ねじり振動子に固定用フランジ付きのねじり振動ホーンを連結し，ホーンの先端に工具であるダイヤモンド砥粒電着リーマをテーパ嵌合により，回転中心を合わせながら固定します．このように，ダイヤモンド砥粒電着リーマをねじり振動させながら回転させて，燃料噴射ポンプシリンダの部品を超精密に加工するわけです．

2.5 超音波の測り方

2.5.1 レーザドップラ振動計

超音波振動の最も精密で一般的な測定器は，レーザドップラ振動計です．この測定原理は次のとおりです．すなわち，**図 2.37** に示すように，振動計からレーザを超音波振動している対象物に照射します．レーザは波の性質をもっていますから，レーザの照射方向に速度

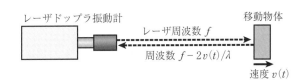

図 2.37 レーザドップラ振動計の原理（図中の λ は波長）

$v(t)$ で動いている対象物に照射されると，いわゆるドップラ効果（後で詳述）によって反射されたレーザの周波数 f が，速度 $v(t)$ に比例した量 $2v(t)/\lambda$（λ：レーザ光源の波長）だけ変化します．この周波数の変化を検出器で検出することにより，対象物の速度 $v(t)$ を知ることができるわけです．移動している対象物が $v(t) = v_a \sin \omega t$ で振動しているときは，FM変調の考え方を使って測定しています．

図 2.38 は，レーザドップラ振動計の内部を示しています．図中のブラッグセル（後述）は，測定対象が振動計に近づいているか遠ざかっているかを判定するために，ある周

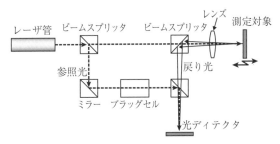

図 2.38 レーザドップラ振動計の内部

波数だけシフトさせるための音響光学変調器です．なお，光ディテクタは，参照光と戻り光の干渉により測定対象の速度に比例した周波数の変化を測定します．

ここで，ドップラ効果について数式を使って詳細に説明しましょう．ドップラ効果とは，音源（または光源）と観測者（または測定器）との相対的な速度の違いによって波の波長（または周波数）が変化して観測される現象です．観測者（または測定器）が観測する周波数 f_0 は，音速 c（または光速）と観測者（または測定器）の移動速度 v_0 との相対速度に比例し，音速 c（または光速）と音源（または光源）の移動速度 v_s との相対速度に反比例します．すなわち，

$$f_0 = \frac{f(c - v_0)}{c - v_s} \tag{2.41}$$

となります．ここで，f は音源（または光源）から発せられる音（または光）の周波数です．式 (2.41) の関係は，

（1）音源も観測者も静止しているときの音速 c，波長 λ および振動数 f の間に，次の関係があること

$$c = \lambda f \tag{2.42}$$

（2）音源が静止しているときは波長 λ が不変であること
（3）音源が移動するときは，音源の振動数が不変であること
を基礎において考えると，導き出せます．

式 (2.41) において，音源が静止していて観測者が音源に近づいていく場合，相対速度 $c - v_0$ は大きくなりますから，観測者が観測する周波数 f_0 も高くなり高い周波数の音として観測します．観測者が遠ざかる場合は，その逆になります．また，式 (2.41) において観測者が静止していて音源が観測者に近づいてくる場合（$v_0 = 0$ および $c - v_s$ が小さくなる），音源の周波数 f は不変で波長 λ が縮みますから，観測者が観測する周波数 f_0 も高くなり，高い周波数の音として観測します．音源が観測者から遠ざかる場合は，その逆になります．

身近な例としては，消防車や救急車が近づいてくるときにはそのサイレンが高く聞こえ（波長が短くなって周波数が高くなり），遠ざかっていくときは低く（波長が長くなって周波数が低く）なる現象をよく経験します．光やレーザも波の性質をもっていますから，音の場合と同様に，ドップラ効果が存在しま

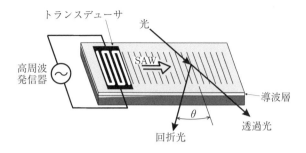

図 2.39 ブラッグセル

す．

　レーザドップラ振動計に使われているブラッグセルについて，もう少し詳しく説明します．ブラッグセルの基本構造は，**図 2.39** に示すものです．高周波発信器から送出される超音波振動が光学材料の固体表面上を弾性表面波 (SAW : Surface Acoustic Wave) となって伝播します．この SAW によって生じる材料の屈折率の違いによって，光は回折します．この回折は，ブラッグ回折と呼ばれ，結晶の空間格子の中の一群の格子面で起こる現象です．すなわち，**図 2.40** に示すように，格子面 (間隔 d) に光が角度 θ で入射するとき，λ を光の波長，n を正の整数とすると，

$$2d\sin\theta = n\lambda \quad (2.43)$$

を満足するとき，各格子面からの反射波は同位相となって強め合いますので，その方向に回折が現れます．SAW による光のブラッグ回折は，ちょうど超音波による疎密波が結晶の格子面に相当して起こります．格子間

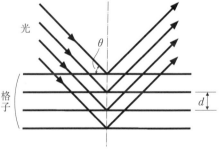

図 2.40 ブラッグ回折

隔 d は，この場合，SAW の波長，すなわち発信器の発信周波数によって異なります．SAW の強さは，発信器の出力の大きさに依存します．したがって，図 2.38 の構造の光 SAW デバイスは，高周波発信器の振幅や周波数の情報を光の強さや回折方向に移すことができます．このことは，このデバイスが信号

の変調器として使用できることを示しています。SAWの伝播速度は、ドップラ効果をもたらし、回折光の周波数が変化します。すなわち、音波によって光を制御するデバイスです。このデバイスの材料としてはLiNbO₃などが使われています。

2.5.2 レーザ測長器とコーナキューブ

干渉の原理を用いたレーザ測長器の中には、5 m/sの高速応答と最高1 MHzの高速サンプリング性能を備えたものがあり、図2.41に示すように、超音波振動する測定対象にきわめて小さい質量(0.2 g以下)の微小コーナキューブ(プリズム)を取り付けて、これにレーザを照射して反射光から測長する方法

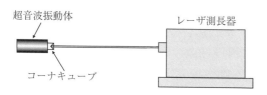

図2.41 レーザ測長器を用いた測定方法

です。コーナキューブ(プリズム)は、互いに直角な三つの面と入射面から構成される透明体で、入射面から入ってきたレーザなどの光をプリズムの3面で全反射し(コーティングあり)、入射方向に折り返す光学素子です。質量を付加することによる誤差を最小限に抑えて超音波振動を計測します。サンプリング周波数が最高1 MHzですから、少なくとも100 kHz以下の超音波振動ならば測定が可能です。

2.5.3 光学式(三角測量方式)変位測定器

レーザなどの細い光線を測定対象に照射し、それからの反射する散乱光または正反射光の位置をディジタルのCCD (Charge Coupled Device：電荷結合素子)やアナログのPSD (Position Sensitive Detector：光位置センサ)などの受光素子で捉えて変位を測定する方式です。

図2.42に示すように、比較的粗い面の場合は、測定対象面に垂直に照射してそこから反射する散乱光をレンズで集束して受光素子で受け、電荷または電圧の形で出力します。表面粗さがきわめて小さい鏡面の場合は、測定対象面に対して斜めに照射して、そこから反射する正反射光を受光素子で受け、電荷または電圧の形で出力します。

一般的な低周波での変位検出器として用いられていますが、高周波の変位に

2.5 超音波の測り方 　63

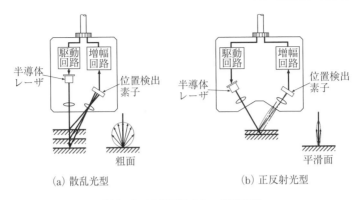

(a) 散乱光型　　　　　　(b) 正反射光型

図 2.42　三角測量式レーザ変位計

対応できるものもあり，最も高い周波数の変位が測定できるものの最高周波数は 39 kHz です．

2.5.4 静電容量型振幅測定器

静電容量 C が測定対象とのギャップ D に反比例することを利用して静電容量からギャップを測定するものです．ただし，平均的な変位は測定できますが，周波数は測定できません．装置例を 図 2.43 に示します．

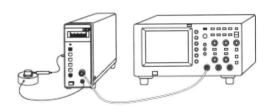

図 2.43　静電容量式レーザ変位計〔岩通計測 (株)〕

2.5.5 超音波シリコンマイクロフォン

MEMS マイクを応用した 5 mm 口程度の小型超音波センサで，10～65 kHz までフラットな周波数特性をもっており，広帯域の小型超音波センサとして利用できます (図 2.44)．これの出力を増幅すると，超音波を特定することができます．

図 2.44　超音波シリコンマイクロフォン (秋月電子通商)

類似のものとしては,超音波センサ,超音波スピーカなどがあります.

2.5.6 周波数を分周する方法

超音波は人間に音として聞こえないので,超音波の周波数を $1/n$ に分周し可聴音にすれば,その超音波を特定することができます.そこで,分周用 IC を用い $1/4$〜$1/32$ に分周し,アナライザで周波数分析したりスピーカに繋いで,音として聞くことができます.

2.5.7 うなり(ビート音)を利用する方法

目的の超音波の周波数 f と周波数が近くて周波数 f_0 のわかった超音波〔図 2.45 (a) の二つの正弦波〕を発生させると,その周波数の差 $(f \sim f_0)$ の音の成分〔うなり,ビート音:図 (c) の包絡線(曲線を外側から包み込む曲線)〕が現れます.このうなりが可聴音域であれば,超音波の特定ができることになります.

これを数学的に説明すると,次のようになります.

$$y = \sin(2\pi f t) + \sin(2\pi f_0 t) = 2\sin\{\pi(f+f_0)t\}\cos\{\pi(f-f_0)t\} \tag{2.44}$$

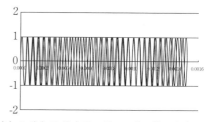

(b) A 波と B 波を同一グラフ上に描いたもの

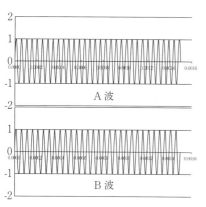

(a) 近接した周波数の二つの超音波(A 波と B 波)

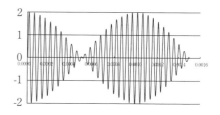

(c) A 波と B 波を加え合わせることによるうなり(包絡線)の発生

図 2.45 うなりの発生

上の式の $\cos\pi(f-f_0)t$ がうなりを発生させる包絡線を表します。ですから，うなりの周波数 $f-f_0$ を何らかの方法で検知できれば，目的の超音波の周波数 f が求められます。

2.5.8 コインやピンセットを用いる方法

超音波振動の計測・検出のための簡易的な方法として，コインやピンセットを使う方法があります。**図 2.46** のように，振動部分にコインを軽く当てて振動させると，振動体とコインの間欠的な接触によって高い振動音が聞こえます。また，ピンセットの先端部を振動体に軽く当てると，コインと同様に，振動体とピンセットの間欠的な接触により振動音の有無によって振動しているか否かがわかります。

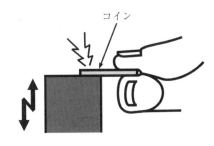

図 2.46　超音波振動体にコインを接触

2.5.9 水　滴

振動部分に水滴を載せると，**図 2.47** のように水滴が飛沫となって飛び散ります（霧化作用）ので，超音波振動が発生していることがわかります。

2.5.10 指のひらで触る

超音波振動している物体を軽く触れてみると，振動してない物体に比べて「するする」，「すべすべ」，「ぬるぬる」といった感触があります。恐らく超音波振動による摩擦の低下に起因するものと思われます。

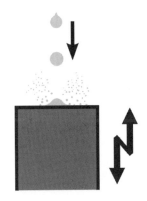

図 2.47　超音波振動体への水滴の付与

参　考　文　献
1)　稲葉　保:「パワー MOS FET, 活用の基礎と実際」, CQ 出版社 (2004) pp.255-284.

第3章 超音波を加工に応用するための大切な基本原理

3.1 超音波を応用した切削法「振動切削」の原理

3.1.1 振動切削の創案
（1）創始者 隈部淳一郎

　超音波を切削加工に応用する技術は，1950年ごろに隈部淳一郎博士（1926〜1989年）により発明されました．すなわち，日本発の技術です．

　隈部博士は，東京工業大学を卒業後，大学に残り切削加工に関する研究に従事していました．隈部博士が所属していた東京工業大学の精密工学研究所は，当時の世界最先端技術であった超音波を様々な加工に応用する研究に関する一つの拠点でした．この研究所からは，切削加工のみならず，強力超音波を発生させる回路，超音波を伝達させるための工具，あるいは金属の塑性加工へ応用する技術など，今日の超音波応用加工のための基礎技術がたくさん生み出されています．

　そのような雰囲気の中で，隈部博士は，超音波振動を金属の切削加工に応用する超音波振動切削法を発明し，切削の原理，基本的な効果，および様々な加工に応用する方法などを研究し体系化しました．図3.1は，それをまとめた隈部博士の博士論文であり，図3.2は，東京工業大学における博士論文の審査会の様子です．博士論文の文章

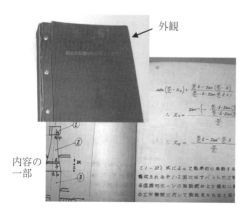

図3.1　隈部淳一郎の博士論文「超音波振動切削に関する研究（1962）」

は，丁寧な手書き文字であり，きれいに撮影および現像された白黒写真が貼り付けてあるものです．審査会では，真夏に扇風機を回しながら，手書きの模造紙による説明の様子が伺えます．現在のワープロによる資料やパソコンとスライドによるプレゼンテーション

図 3.2　隈部淳一郎の博士論文審査会の様子

とはまったく様子が違いますね．

（2）振動切削発明までの経緯：その 1　反転仕上げ切削

　隈部博士は，振動切削法を着想する以前に，次の二つの新しい切削法を考案しています．そして，これらの切削法が振動切削法の創案に結び付いていったと述べています．

　一つは，反転仕上げ切削法[1]です．一般的に，金属材料は特定の結晶構造を有しています．金属結晶組織を顕微鏡観察したことがある読者もいることと思いますが，その一例を **図 3.3** に示します．観察される色の濃さの違いによる金属組織の一つひとつが，金属結晶間や介在物の境界線です．金属単結晶は，そもそも規則的に並んでいますが，観察される境界線ごとに一つのブロックを形成しているのです．結晶は，熱処理や加工ひずみにより，形状や大きさが変化し金属の特性に影響を与えます．その変化は非常に複雑ですが，大まかには，焼なましすると結晶組織が球状化・

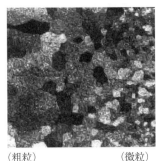

図 3.3　金属組織の例（ステンレス鋼）

大型化して強度が低くなり，変形を与えたり焼入れすることにより，繊維化・微細化して強度が高くなります．

切削を行うことにより結晶構造がひずみます．すなわち，切削工具が進む方向に結晶の形がなびくように繊維化していくのです．ひずんだ結晶は硬化します．これは，加工硬化と称して，材料の強度が加工前の強度に比べて向上する現象です．また，切削方向に沿って応力とひずみが残留します．これは，残留応力や残留ひずみといって，形状の経年変化や，割れの発生などの不具合をもたらすことがあります．あるいは，錆の進行が速くなるなどの現象も観察されています．

隈部博士は，図3.4に模式図を示すように，はじめに一定方向に切削したのちに，最後に切削方向を反転させて仕上げ加工する方法を提案しました．すなわち，一方向にひずんだ結晶を反対方向に戻すことによって，結晶のひずみを緩和する方法を提案しています．図3.5に，反転仕上げ切削の効果の一例を示します[1]．この切削法により，切削仕上げ面の表面粗さが向上していることがわかります．工業的には，たとえば自動車エンジンのピストンに装着されるピストンリングなどの薄い製品のそり防止などに利用されています．この研

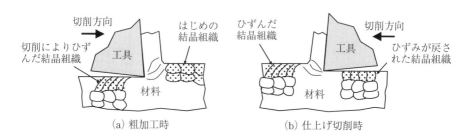

図3.4 反転仕上げ切削法

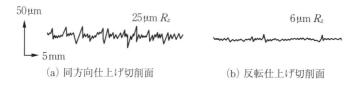

図3.5 反転仕上げ切削法による切削面の表面粗さ[1]

究は，振動切削における結晶ひずみの低減の効果の考察につながっていきました．

(3) 振動切削発明までの経緯：その2 低温切削

もう一つは，低温切削法です．この切削法は，炭素鋼などの低温で脆化する金属を $-20℃$ 以下に冷却した状態で切削する方法です．これは，金属の低温脆性という性質を利用したもので，体心立方格子の結晶構造をもつ金属が，特定の温度の低温になると急激に脆くなる性質を指します．

一般的な金属の結晶格子は，**図3.6**に示すように，面心立方格子FCC（アルミニウム，銅など），体心立方格子BCC（鉄，クロムなど）および六方最密充てんHCP（マグネシウム，チタンなど）のいずれかの結晶構造をとり，その構造の違いにより加工のしやすさが異なるとされています．

(a) 面心立方格子　　(b) 体心立方格子　　(c) 六方最密充てん

図3.6　金属の結晶構造

低温脆性に関する歴史上有名な事故として，1940〜1946年の第二次世界大戦中に，アメリカの戦時の標準（貨物）船のリバティー（自由）号（**図3.7**）が，冬季（低温時）に溶接構造が割れ，沈没にまで至るという事故が相次ぎました．事故調査を進めた結果，その原因は，船体の鉄鋼材料の溶接部が低温脆性破壊により割れるということが判明しました．それ以降，金属の低温脆性に関する研究が世界的に進み技術が進歩していったわけです．

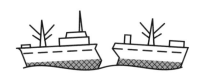

図3.7　リバティー号

低温脆性は，**図3.8**(a)に示すようなシャルピー衝撃試験により調べることができます．切欠きを設けた試験片を大きな振り子式のハンマにより打撃して，衝撃吸収エネルギー $E = mg(h_1 - h_2)$〔単位：ジュール(J)〕を計測する方法です．計測値の一例を図(b)に示します．その結果では，炭素鋼の場合0〜

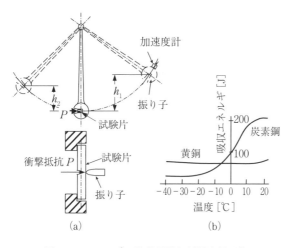

図 3.8 シャルピー衝撃試験と低温脆性現象

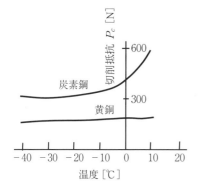

図 3.9 低温切削における切削抵抗

−40℃にかけて衝撃値が急激に低下していることがわかります．一方，面心立方格子の結晶構造を有する黄銅の場合では，試験温度が変化しても衝撃値が変化しません．すなわち，低温脆性現象が発生していないことがわかります．

低温切削における実験結果の例を 図 3.9 に示します．このグラフから，低温脆性の特性を示す炭素鋼の場合のみ，−10℃以下の低温にすることによって切削抵抗が大きく低減していることがわかります．この実験結果から，隈部博士は，金属の切削は，従来解析されてきたような静的な力によって行われるのではなく，工具や工作物が振動することによる動的な衝撃力によって切削が進んでいるということを考察するにいたりました．この発見が，超音波を切削に利用するアイデアに至ったのでしょう．

（4）超音波振動切削の発見

1958年の盛夏，隈部博士は手づくりの超音波振動切削装置を完成させました．当時の超音波振動切削装置の一例を 図 3.10 に示します．振動を発生させる振動子には，ニッケル板を積層して製作したニッケル磁歪型振動子が利用されています．ホーンはエクスポーネンシャルホーンであり，バイトはホーンの先端にろう付けされています．この世界初だろうと思われる超音波振動切

3.1 超音波を応用した切削法「振動切削」の原理

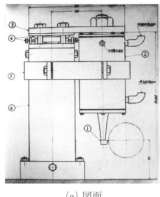
(a) 図面

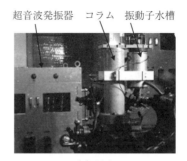
(b) 写真

図 3.10 ニッケル磁歪振動子を使った初期の超音波振動切削装置 (隈部淳一郎博士論文より引用)

装置をフライス盤に取り付け，アルミニウムを被削材として，手送りによる切削実験を行っています．

衝撃的な実験結果の一例を図 3.11 に示します[2]．超音波振動切削による切りくずは，通常の切削の場合に比べてかなり薄くて，長くきれいにカールした形状をしていま

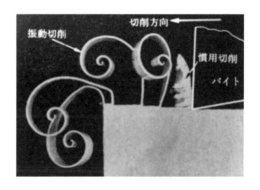

図 3.11 超音波振動切削による切りくず [隈部淳一郎：精密加工振動切削—基礎と応用—，実教出版 (1979) より引用][2]

す．切削加工においては，切りくずが薄くて長いということは，切削状態が良好であることを意味しています．すなわち，切削するバイトに超音波振動を与えると，薄い切りくずがスムーズに排出されるということを発見したわけです．これ以降，切削抵抗の大幅な低減，切削面の向上などの効果が順次明らかにされていきます．

3.1.2 主分力方向振動切削の原理

切削工具に超音波振動を与えながら切削する切削法には，いくつかの方式が

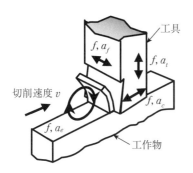

図 3.12 現在の各種の超音波振動切削法（f, a_c：切削方向振動切削，f, a_f：送り分力方向振動切削，f, a_t：背分力方向振動切削，f, a_e：楕円振動切削）

あります．現在までに研究あるいは実用されている超音波の振動方向は，**図 3.12** に示すようなものがあります．すなわち，主分力方向（切削方向と同方向），送り分力方向（切削方向に対して左右方向に相当する方向），背分力方向（材料の切込み方向に相当する方向），および円ないしは楕円運動する方向です．これらのうち，はじめの 3 方向は，1950 年代に隈部博士によって発明され，切削機構が解析された振動方向であり，この中でも，主分力方向超音波振動切削が原則的な振動方向とされ，特に詳しく切削機構が解析されています．

ここでは，この主分力方向振動切削機構に関して解説することにします．

（1）刃先の運動機構と切削力

隈部博士の手書きの博士論文から引用した切削工具の切れ刃の運動機構，および切削力の波形を **図 3.13** に示します．被削材は一定速度 v で右側方向に移動します．一方，工具刃先は振幅（片振幅）a で切削方向と同方向に振動し，この状態で切削が行われます．刃先の軌跡から，幾何学的に切削機構を解析する

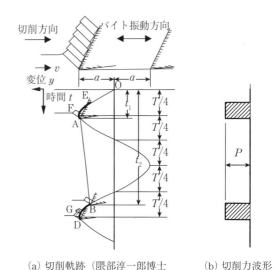

(a) 切削軌跡（隈部淳一郎博士論文より引用）　　(b) 切削力波形

図 3.13 主分力方向振動切削の原理

と，刃先が原点Oから切削を開始したとすると，EFAおよびBGD間で切削がなされ，切りくずが生成されます．AB間では，刃先は切りくずと離れていて切削が行われません．この断続切削機構が超音波振動の周期で繰り返されるわけです．

次に，切削力の波形について見てみます．切削力は切削が生じている間のみに発生します．すなわち，EFAの間とBGDの間のみにパルス状切削力が発生し，それ以外の間では切削力は0になります．

（2）工具と工作物とが離れる時間と臨界切削速度

第2章でも説明したように，振動の速度は $a\omega\cos\omega t$ で表されます．なお，ω は角速度 [rad/s] です．このとき，$\cos\omega t$ は $-1 \leq \cos\omega t \leq 1$ の範囲をとりますので，振動速度は $-a\omega \leq a\omega\cos\omega t \leq a\omega$ の範囲をとります．また，$\omega = 2\pi f$ の関係から，振動速度は振動数 f と振幅 a の積で決まることがわかります．このとき，工具と工作物とが分離する条件は，切削速度を v とすると，次式となります．

$$v < 2\pi a f \tag{3.1}$$

すなわち，工具が切削速度と同方向に後退するときに，その最大速度 $2\pi af$ が，切削速度 v よりも早い必要があるわけです．切削速度 v を高めていき，最大振動速度 $2\pi af$ と一致したときに，工具と工作物とが常時接触した状態となり，振動切削特有の断続的な切削力波形が発生しなくなります．すなわち，式 (3.2) に示す条件を臨界切削速度と呼ぶものと隈部博士は名づけました．これは，超音波振動切削を成立させる上での重要な必要条件です．

$$v = 2\pi a f \tag{3.2}$$

（3）振動1サイクル中の切削時間

超音波振動切削において，切削性を左右する因子の一つに t_c/T 値があります．すなわち，切削時間 t_c は実際に切削している時間であり，T は超音波振動の周期です．超音波振動切削においては，振動周期に対して実際に切削している時間が短いほど，その効果が大きいとされています．したがって，t_c/T 値を知ることは重要です．ただし，t_c と T との関係式の解は直接求めることができません．ここでは，式 (3.3) および式 (3.4) から数値計算によって求めることができます．これらの式は，図 3.13 のバイトと工作物の軌跡との幾

何学的関係から導びかれます．

$$\sin\left(2\pi\frac{t_1}{T}\right) - 2\pi\frac{t_1}{T}\cos\left(2\pi\frac{t_1}{T}\right) = \sin\left(2\pi\frac{t_2}{T}\right) - 2\pi\frac{t_2}{T}\cos\left(2\pi\frac{t_1}{T}\right) \tag{3.3}$$

$$\frac{t_c}{T} = 1 + \frac{t_1}{T} - \frac{t_2}{T} \tag{3.4}$$

t_c/T 値の計算の結果と v/v_c（切削速度／臨界切削速度）とを比較して**図 3.14**に示します．つまり，v/v_c は簡単に求めることができます．この結果

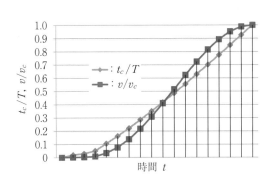

図 3.14 t_c/T と v/v_c の時間変化曲線

を見ると，$t_c/T \fallingdotseq v/v_c \fallingdotseq$ 0.4 以下では，t_c/T が v/v_c を上回り，それ以上では t_c/T が v/v_c を下回っていますが，おおむね v/v_c を用いて t_c/T 値としていいことがわかります．すなわち，切削速度と臨界切削速度との比により，超音波振動切削の効果の度合

いを考えていいわけです．実際には，v/v_c が小さいほど，すなわち切削速度が遅いほど効果の度合いが大きくなります．

（4）振動 1 サイクル中の切削長さ

振動 1 周期中の切削時間が短い（t_c/T 値が小さい）ほど切削の効果が向上する超音波振動切削においては，同様に振動 1 サイクル中の切削長さが短いほど，切削性が良いという結果になります．この振動 1 サイクル中の切削長さ l_T 値は，次式で計算できます．

$$l_T = \frac{v}{f} \tag{3.5}$$

すなわち，切削速度 v を振動数 f で割った値が振動 1 サイクル中の切削長さ l_T 値となります．この l_T 値は，切削面を拡大観察することによって見ることができます．観察結果の一例を**図 3.15**に示します[3]．写真中，右上がりの線

がバイトの送りマークであり，それと交差する線が振動1サイクルの切削長さ (l_T値) であり，阿弥陀模様を形成しています．この切削面こそが，超音波振動切削の特徴であるといえます．太陽光にかざしてみると，CD (コンパクトディ

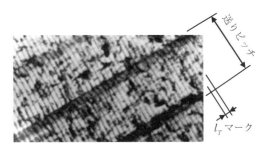

図 3.15 主分力方向超音波振動切削面に見える l_T マーク[3]

スク) のように光の虹面模様を観察することができます．

(5) 超音波振動切削における工作物の挙動

超音波振動切削においては，工作物の挙動は与える超音波振動の周波数と工作物の固有振動数との関係で決まります．切削中の工作物の動的挙動は，**図 3.16** (b) に示すような，単振動モデルで解析することができます．このモデルにおける運動方程式は前章の式 (2.9) の外力 F を超音波振動切削における背分力 $P_t(t)$ に置き換えて式 (3.6) のようになります．

$$m\frac{d^2x}{dt^2} + c\frac{dx}{dt} + kx = P_t(t) \tag{3.6}$$

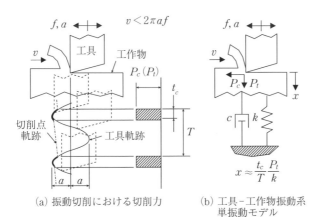

(a) 振動切削における切削力　　(b) 工具-工作物振動系単振動モデル

図 3.16 振動切削における切削力と工具-工作物振動系モデル

このとき，背分力 $P_t(t)$ は，式 (3.7) のようにフーリエ級数で展開して表されます．ここで，右辺の P_t は図 3.16 (a) 中の背分力です．

$$P_t(t) = \frac{t_c}{T} P_t + \frac{2}{\pi} P_t \sum_{n=1}^{\infty} \frac{1}{n} \sin\left(n \frac{t_c}{T} \pi\right) \cos(n \omega t) \tag{3.7}$$

この運動方程式を解くことによって，超音波振動切削における工作物の動的挙動を知ることができます．途中の計算は省略して，この運動方程式の定常状態における工作物の変位 x は，式 (3.8) のようになります．

$$\left. \begin{aligned} x &= \frac{t_c}{T} \frac{P_t}{k} + \sum_{n=1}^{\infty} \frac{\dfrac{P_t}{k} \dfrac{2}{n\pi} \sin\left(n \dfrac{t_c}{T} \pi\right)}{\sqrt{\left(1 - n^2 \dfrac{\omega^2}{\omega_n^2}\right)^2 + 4 n^2 \nu^2 \dfrac{\omega^2}{\omega_n^2}}} \sin(n \omega t + \varphi_n) \\ \varphi_n &= \tan^{-1} \frac{1 - n^2 (\omega^2/\omega_n^2)}{2 n \nu (\omega/\omega_n)} \end{aligned} \right\} \tag{3.8}$$

ここで，式 (3.8) の上の式において，後ろの項は超音波振動による強制角振動数 ω と振動系の固有角振動数 ω_n との関係式となっています．このとき，超音波による強制角振動数 ω を振動系の固有角振動数 ω_n に対して 3 倍以上にとると，後ろ側の項は微小となり，無視できるようになります．

すなわち，工作物の x 方向の変位は式 (3.9) で表すことができます．この式は，ばね定数が k の工作物振動系に対して，静的な背分力 P_t が作用したときの変位に対し，t_c/T 分だけ x 方向の変位が低減することを示しています．この解析結果は超音波振動切削における重要な切削挙動で，これを隈部博士は不感性振動切削機構と名づけています．

$$x \fallingdotseq \frac{t_c}{T} \frac{P_t}{k} \tag{3.9}$$

3.1.3　送り分力方向および背分力方向振動切削の原理

振動切削における振動方向は，切削方向が原則であることは創案者の隈部博士自身が述べているとおりですが，加工の形態によっては，図 3.12 に示した別な振動方向である送り分力方向超音波振動切削および背分力方向超音波振動切削法を利用したほうが効率や効果がより良い場合もあります．それら二つの切削法の加工原理に関して簡単に解説することにします．

(1) 送り分力方向振動切削機構

　送り分力方向振動切削機構は，切削方向に対して直角方向で，かつ切削面に平行方向に超音波振動を与える方法です．この切削原理は，図 3.17 に示すようになります．幅 w の工作物に対して，バイトの切れ刃が振幅 a で図の左右方向に AE→BD→FG へというように振動しながら切削速度 v で切削を行うものとすると，切れ刃は切削方向に対してジグザグに進行します．そのときの切れ刃の軌跡は正弦波となりますが，これを簡単に解析するために，直線運動の三角波に近似して，切れ刃の進行方向 AB とのなす角を i とすると，角度 i は幾何学的に次式のように表すことができます．

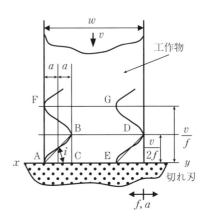

図 3.17 送り分力方向振動切削機構

$$i = \frac{\pi}{2} - \tan^{-1}\left(\frac{v}{4af}\right) \tag{3.10}$$

　この振動切削における切削機構は，切削方向に対して切れ刃を直角ではなく，斜めに角度を与えて切削する傾斜切削の切削機構に類似しているとして解析を進めます．傾斜切削においては，有効すくい角 γ_e が工具のもつすくい角 γ に比べて小さくなるため，切削抵抗低減などの効果が得られることが以前より調べられています．この有効すくい角 γ_e は，次式のように表されることが，過去に Milton C. Shaw (1915〜2006 年) らにより導かれています．

$$\sin\gamma_e = \sin^2 i + \cos^2 i \sin\gamma \tag{3.11}$$

すなわち，傾斜角 i が大きくなるほど有効すくい角 γ_e が大きくなることが知られています．この理論から式 (3.10) を見ると，切削速度 v が遅いほど，あるいは振幅 (a) ×振動数 (f) が大きいほど有効すくい角 γ_e が大きくなり，より鋭い刃で切削したかのように切削抵抗が低減できることがわかります．

　しかしながら，この送り分力方向振動切削法においては，往復振動による工具切れ刃の発熱，激しい摩耗，あるいはそれらに伴い刃先が瞬時にチッピング

して切削不能になる現象が発生することも実験により確かめられており，一般的に実用的な切削には向かないとされています．

(2) 背分力方向振動切削機構

背分力方向振動切削機構は，切削方向に対して直角方向で，かつ切削面に垂直方向に超音波振動を与える方法です．この切削原理は，図 3.18 に示すようになります．すなわち，振動 1 サイクルごとに刃先が進む長さは $AB = v/f$ であり，送り分力方向振動の場合と同様に簡単化のために三角波形で考えると，刃先が O_1 から A に向かう下降過程で $\triangle O_1AB$ に相当する部分を切れ刃の逃げ面で工作物に押し付ける方向に圧縮し，B から C への上昇過程で工作物の ABR_1R_0 に相当する部分をすくい上げ，切りくず CDR_3R_2 に相当する部分を生成します．すなわち，通常の切削機構とは大きく異なり，切削は，切れ刃が上昇するときに切りくずをすくい上げる方向になされ，一方，切れ刃が下降するときは，切削ではなく工具逃げ面で材料を押しつぶす加工が行われます．

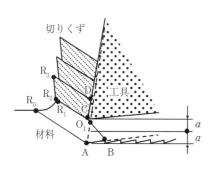

図 3.18　背分力方向振動切削機構

振動切削特有の断続切削から連続切削へと移行する背分力方向振動切削における臨界切削速度 v_c は，次式により求めることができます．

$$v_c = 2\pi a f \tan|\gamma| \tag{3.12}$$

すなわち，この切削における臨界切削速度は，主分力方向振動切削における臨界切削速度に $\tan\gamma$ をかけた式となります．このとき，γ は切れ刃のすくい角であり，図 3.19 に示すように，すくい角 γ が正の場合には，刃先が下がる際の切削方向速度ベクトルが v_c より小さい場合にすきまが発生し，すくい角 γ が負の場合には，刃先が上昇する際に同様にすきまを発生させます．すくい角 $\gamma = 0°$ の場合は，すきまは発生せず，すくい面は常時切りくずと接触したままです．一般的なすくい角の範囲 ($\gamma = \pm 10°$ 以内) では，臨界切削速度は主分力方向振動切削の場合に比べて非常に小さく，1/10 程度になってしまいます．

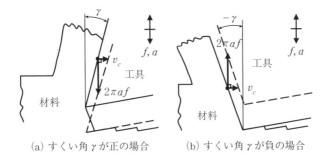

(a) すくい角γが正の場合　　(b) すくい角γが負の場合

図 3.19 背分力方向振動切削における臨界切削速度

この背分力方向振動切削場合も，実際には，逃げ面により材料を押しつぶす過程を含むため正常な切削とはいえず，それによる工具切れ刃の欠損や摩耗が激しく工具寿命が極端に短くなることも調べられています．

（3）送り分力方向振動切削法と背分力方向振動切削法の有効活用

前述の二つの振動切削法は，旋盤加工などの一般的な切削に対しては適しませんが，一部の切削加工法においては有効に作用することも調べられています．これらの具体的な加工法や効果に関しては，第4章で詳しく述べますが，一つは，ドリル，スクエアエンドミルおよびボールエンドミルによる切削の場合です．

ドリル加工においては，ドリル先端のチゼルエッジ部は $-60°$ 以上の大きな負のすくい角をもち，かつ切削速度がきわめて遅いので，本来，一般的な切削にはなっていません．この箇所に背分力方向の超音波振動を作用させることによって様々な利点が生み出されます．この効果は，エンドミル加工のボールエンドミルの先端のウェブの場合にも同様に当てはまります．一方，ねじれ刃を有するスクエアエンドミルにおいては，外周刃での切削において，送り分力方向の超音波振動が切れ味向上に有効に作用することも調べられています[4]．

もう一つは，砥粒加工における効果です．回転砥石に軸方向の超音波振動を付加した場合では，**図 3.20** に示すように，砥石外周面においては，各砥粒切れ刃に送り分力方向振動切削の作用が発生し，砥石底刃には背分力方向振動切削の機構が発生します．砥粒加工の場合は，たくさんの切れ刃（砥粒）が関与しますので，切削工具のようにわずかなチッピングや摩耗が加工に深刻な影響

を与えないばかりか，良い作用をも与えます．

送り分力振動切削の効果は，ジグザグな加工軌跡を与え，実研削距離を回転のみの場合の数倍に伸ばし，加工機構を変化させることに関与します．背分力方向振動切削の効果は，材料を微小に掘り込んだり，微小破壊をする効果を与えます．特に，高硬度脆性材料に対する有効性が調べられています．

3.1.4 楕円振動切削法の原理

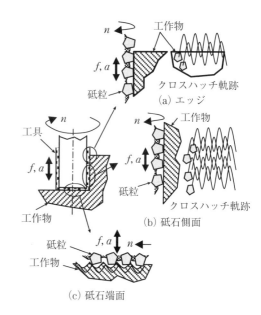

図 3.20 回転砥石による超音波振動研削軌跡

楕円振動切削法は，1995年ごろに，当時 神戸大学の森脇俊道博士および社本英二博士らにより開発されました．この切削法は，従来の直線振動を利用した超音波振動切削法とは異なる特徴を有する切削法です．

主分力方向の超音波振動と背分力方向の超音波振動を位相を 90° ずらして同時に発生させることにより，楕円または円運動 (振動) を発生させることができます．この切削法は，図 3.21 に示すように，切れ刃を切削方向の面内で回転させながら切りくずをすくい上げるようにして切削する方法です．切れ刃の楕円 (円) 運動の動きにより切りくずを引き上げながら切削するため，切削力の方向が，一般の切削とは異なり上向きに働き，切削抵抗が大きく低減します．臨界切削速度の存在は，主分力方

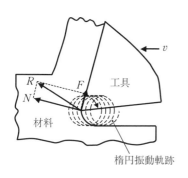

図 3.21 楕円振動切削の原理

向の振動切削の場合と同様ですが，一般的には，それよりも数十分の一程度の遅い切削速度 ($v/v_c = 1/20 \sim 100$ 程度) において利用されることが多いようです．

楕円振動は，2方向の曲げ振動モードを合成したり，あるいは図 3.22 に示すように，縦振動モードと曲げ振動モードとを合成させる方法によって発生させます．そのため，切削工具は二つの振動モードで振動するように特別設計されています．また，超音波振動

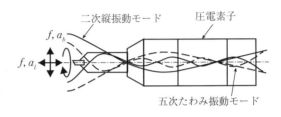

図 3.22　楕円振動切削装置の例 (多賀電気製)

の駆動装置も両方の振動位相をぴったり合わせながら正確に駆動し，かつ電気的干渉がないように工夫されています．振動数には 40 kHz 程度，振幅には 5～10 μm (p-p) が多く用いられています．

切削の効果としては，切削抵抗が従来の振動切削に比べてさらに低減すること，切りくずが極薄になること，焼入鋼を単結晶ダイヤモンド工具で切削可能になり超精密切削が実現すること，超硬合金などの高硬度脆性材料の切削において，延性モード切削を可能とする臨界切込み深さが向上し超精密切削が可能になること，楕円振動の振幅を制御することによって微細テクスチャの加工が可能になることなどが報告されています[5]．

3.2　超音波砥粒加工の原理

超音波振動する「砥石」や「工具と遊離砥粒」を用いて加工を行うとき，超音波振動を付加しない場合にはない特異な現象が起こります．それが，以下の四つの現象といえるでしょう．

3.2.1　脆性材料の微小破砕

微小破砕は，超音波振動する砥石や遊離砥粒を用いてガラスやセラミックスなどの脆性材料を加工するときに起こります．多くの場合，振動の方向と被削面の方向がおよそ直角の場合に起こる現象です．超音波振動を付加しない場合は，一般に，図 3.23 に示すように，砥粒は工作物をある一定の深さで押して

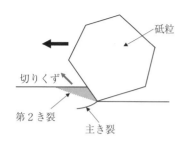

図3.23 超音波振動無付加のときの脆性材料の砥粒加工拡大図

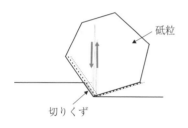

図3.24 脆性材料の超音波砥粒加工拡大図

いって材料内部の応力がその破壊強度を超えたとき，主き裂が発生したり第2き裂が発生して，比較的大きな脆性破壊を起こして切りくずとなりますし，材料内部にき裂を残す可能性もあります．一方，超音波振動を付加した場合には，**図3.24**に示すように，砥石の振動中のある時間に工作物と衝突し打撃することによって工作物を微小に破砕し切りくずにします．

このような現象は，砥石を使って穴あけをする際の底面（**図3.25**）や溝加工をする際の底面において起こります．超音波振動を付加しない場合に比べて破壊の規模が小さいので，生成される加工面の形状・粗さや品質に与えるダメージの大きさが小さくなります．また，より小さい加工力で材料の除去ができますから，加工抵抗が小さくなるという特長もあります．これらが，脆性材料の加工に超音波振動を付加する大きなメリットです．

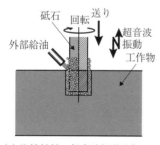

(a) 脆性材料の超音波振動穴加工

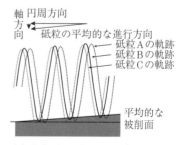

(b) 穴底面での加工状況（展開図）

図3.25 脆性材料の超音波振動穴加工における穴底面での加工状況

3.2.2 砥粒・切りくずの間欠接触の効果

超音波振動する工具 (ここでは砥粒) で凝着しやすい延性材料を研削している場合でも,通常,工具は切りくずと凝着している状態で超音波振動をすることはなく,間欠的に接触しますので,離れている時間には両者の間に空気や油剤が浸入し,砥粒と切りくずの凝着防止効果と摩擦係数を下げる効果を生みます.軸方向に超音波振動する砥石端面においては,切削方向超音波振動切削の場合と異なって,砥石の周速や振幅と関係なく必ず間欠的に空隙が現れますし,研削方向に超音波振動する場合は,切削方向超音波振動切削の場合と同様に振幅や研削速度しだいで空隙が現れます.

「工具は,切りくずと凝着している状態で超音波振動をすることはない」ということを示す実例を紹介しましょう.延性材料の二次元切削において切れ刃近傍の切削状態を保存するテクニックとして「瞬間停止」という方法があります.これは,**図 3.26** に示すように,切削している工具を切削箇所から急速に離脱させて切削状態,すなわち材料のせん断変形や切りくずの状態を保存し,切削機構を分析するためのデータを取得する方法で,かなり昔から用いられてきました.ここで着目するべき点は,工具を切削箇所から瞬間的に離脱させるとき (ハンマによる打撃や爆薬を使うこともあります),工具と切りくずや構成刃先との凝着が強くても工具が切りくずと構成刃先から分離していくことです.

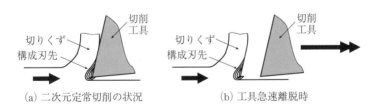

図 3.26 延性材料の二次元切削における切削急停止方法と工具と切りくず・構成刃先の分離状況

3.2.3 湿式研削におけるキャビテーションの効果

液中で超音波振動を発生させるとキャビテーションが発生することは,1.2.4 項で述べました.研削油剤を用いた超音波振動湿式研削においてもキャ

84　第3章　超音波を加工に応用するための大切な基本原理

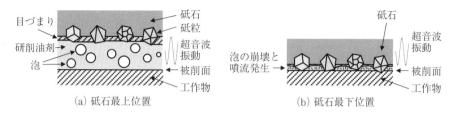

(a) 砥石最上位置　　　　　　　　(b) 砥石最下位置

図3.27　湿式砥粒加工中のキャビテーション発生による目づまりの抑制

ビテーションが発生し，圧力が低いとき泡を生じ，圧力が上昇するとき泡が崩壊して噴流が発生し，砥粒や切りくずにぶつかると，砥粒から切りくずをはがす作用をします(**図3.27**)．その結果，目づまりを抑制することができます．

3.2.4　脆性材料の研削における延性モード化

　脆性材料の超音波振動研削加工における延性モード化は，超音波振動溝加工や穴加工において現れます．円柱状の砥石を用いた超音波振動溝加工(**図3.28**)を例にとって説明しましょう．ここで，加工の延性モード化とは，脆性材料は，通常，脆性破壊，すなわちき裂や割れの発生・進行によって加工が進む脆性モード加工であるのに対して，特別な条件が満たされると金属のように連続形の切りくずを発生する加工形態に加工のモードが変化することをいいます．

　砥石側面の加工機構について説明します．砥石に超音波振動を付加しない場合，溝の側面では砥石の側面の砥粒がフライスの切れ刃と同様に，トロコイド曲線(円運動と直線運動が重ね合わされた曲線．**図3.29**の上図)を描きながら溝側面の工作物を研削していきます．上向き研削が起こる側面では，切込み深さがしだいに増加しながら削ります．最初，切込みが小さい区間はきわめて短いので，切込みが増すとすぐに脆性モード研削になります．つまり，脆性破壊によって材料が切りくずになりますから，被削面にはダメージが残りやすくなります．一方，砥石に超音波振動を付

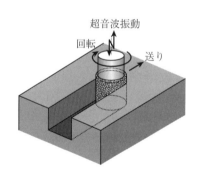

図3.28　超音波振動溝研削の状況

加した場合，砥石側面の砥粒は上下に振動しながら切込みを深くしていきますから（図3.29の下図），その切込みの増加は緩やかで，長い区間にわたって延性モード研削が実現し，ダメージの少ない表面が生成されます．

以上のことから，超音波振動付加によって脆性モード加工から延性モード加工に遷移する「臨界切込み深さ」が深くなることが理解できるでしょう．これは，山を登るときに最も傾斜の大きい道をまっすぐに登ると疲れが大きいのに対し，左右にジグザグに山道を登ると傾斜が緩くなり，疲れが小さくなることと似ています．

これまでは1個の砥粒による加工に着目してきましたが，実際には図3.30のように，砥石の円筒面

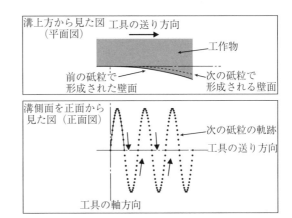

図3.29 振動付加により切取り厚さが減少する機構モデル

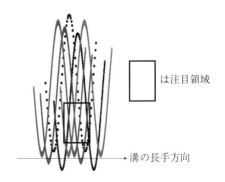

図3.30 超音波振動溝研削における砥石側面砥粒の溝側面上の軌跡

（側面）にある位置，突出し高さ，粒径などが異なる多くの砥粒が加工に関与します．四角で囲んだ領域に着目すると，上下に超音波振動する多くの砥粒の軌跡から溝壁面が生成されていることがわかります．このことから，多くの砥粒の作用によりきわめて薄い切込みまたは摩擦により被削面が加工されるため，いっそう平滑でダメージの少ない溝壁面となることがわかります．

3.3 超音波により金属を塑性変形させるための基本原理

切削加工が材料から不要な部分を切りくずとして除去して形状を創成する加工法であるのに対して，塑性加工は金属を変形して形状を創成する加工法です．塑性加工は，安価に大量に金属製品をつくる方法として発展してきました．現在は，少量生産への対応が進み，精度も向上し，さらには特殊な材料や形状の加工の定理へと発展しつつある技術です．

塑性加工には，板金加工，鍛造加工，伸線・伸管加工，あるいは打抜き加工など様々な加工法がありますが，今日までに，多くの加工法に対して超音波振動の応用が検討されてきています．個々の加工法についての解説は第5章で述べますが，ここでは，超音波により金属を塑性変形させるための基本原理に関して重要なものを解説します．

3.3.1 Blaha（ブラハ）効果

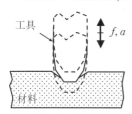
(a) 工具の振動変位

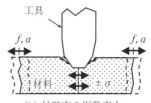
(b) 材料内の振動応力

図 3.31 超音波振動超音波振動が金属材料に与える作用
（f：振動数，a：振幅，σ：応力）

図 3.32 鉄を鍛錬する

超音波振動が金属材料に与える作用は，**図 3.31** に示すように，振動変位の作用と振動応力の作用とに大きく分類できます．振動変位の作用は，塑性変形を断続的に衝撃的に与え，図 (a) に示すように，変形を加工部分のみに集中させる効果を生み出す方法です．感覚的には，古来のハンマで叩いて鉄を鍛錬したり自由鍛造したりする塑性加工法にも通じます（**図 3.32**）．

一方，振動応力の作用は，Blaha（ブラハ）効果として知られています．これは，図 3.31 (b) に示すように，金属材料に繰返しの弾性振動応力 $\pm\sigma$

3.3 超音波により金属を塑性変形させるための基本原理

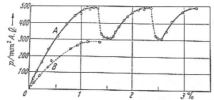

Dehnung von Zink-Kristallen unter Ultraschalleinwirkung.

Es wurden Spannungs-Dehnungskurven von Zn-Einkristalldrähten, die nach einem Ziehverfahren[1]) aus der Schmelze (99,995%) hergestellt worden waren, mit einem POLANYI-Apparat[2]) aufgenommen, wobei die Kristallproben (Ausgangsquerschnitt A.Q. 0,06 bis 0,28 mm²) als Ganzes in ein Bad von Tetrachlorkohlenstoff eintauchten, das seinerseits derart einem Ultraschallfeld (800 kHz, ~1 W/cm²) ausgesetzt werden konnte, daß die Schallwellen den Kristall von unten her

Fig. 1. Anfangsteile von Spannungs-Dehnungskurven. (Verformungsgeschwindigkeit $2 \cdot 10^{-5}$ sec^{-1}.) Abszisse: Dehnung in %. Ordinate: Spannung in pond/mm² Anfangsquerschnitt. ——— Ohne, --------- mit Ultraschall.

図 3.33　F. Blaha と B. Langenecker による論文の引用 [6]

を与えながら塑性変形させることにより，変形抵抗が大きく低減する現象が得られるという効果です．まず，この Blaha 効果について説明します．

1955 年のドイツの Naturwissenschaften 誌に掲載されている F. Blaha と B. Langenecker による論文 (ドイツ語) の一部を図 3.33 に引用 [6] しました．この報告によると，亜鉛単結晶の引張試験片に超音波振動を付加しながら引張試験をすると，変形抵抗が大きく減少する現象が報告されています．すなわち，図中 A の応力-ひずみ曲線では，周波数 800 kHz の超音波振動を付加することにより，超音波を付加したときのみ変形抵抗が大きく減少しています．一方，B の場合では，はじめから超音波振動を付与した実験で，はじめから A の場合のレベルまで変形抵抗が低減しています．

超音波振動が金属材料の変形挙動に及ぼすこの現象は，発見者の名前をとって「Blaha 効果」と呼ばれています．この Blaha 効果の発見は，特に金属物理学の研究者の関心を集め，様々な金属材料に対して，また引張りのみではなく圧縮などの各種の変形形態に対して検証実験が行われました．その結果，Blaha 効果は，ほぼすべての金属材料に対して現れ，それは超音波振動を付加したときに瞬時に発現し，超音波を止めると瞬時に消えることが調べられて

います.

　ここで，引張試験とは金属材料の強度や伸びの程度を調べる基本的な試験方法であり，試験片を機械的に引っ張り，破断するまでの過程を調べる試験法です．その標準的な試験方法は各国の工業規格で規定されており，日本では，日本工業規格 (JIS) で規定されています.

　この Blaha 効果の説明に関しては諸説あります．超音波振動が塑性変形時に金属結晶列の転位を促進させる働きをするとの説，超音波振動が材料内部の発熱を促進し熱軟化が生じるとの説，あるいは先の 3.1.2(5) 項に述べた不感性振動切削機構と同様に，動特性上，材料の変形が振動に追従できず，変形抵抗が平均化される現象であることなどの説により説明されています．ここで，転位とは，金属材料の塑性変形において，結晶の欠陥などを起点として断層がずれるように，ごく弱い力で結晶にすべり変形が生じる現象で，金属の塑性変形の主要因と考えられています.

　著者の一人は，この現象を図 3.34 のように整理しています．すなわち，材料の変形曲線において，超音波振動を付与すると，振動応力の両振幅 $2\sigma_a$ に相当する繰返し応力-弾性ひずみが材料に作用し，それが塑性変形曲線に重畳され，加工系の固有振動数 f_0 が，与えた超音波振動の強制振動数 f に対して十分に小さい場合 ($f_0 < f$ の条件) において変動波形が平均化され，最終的に σ_a 相当分だけ変形応力が低減するものであると理解しています.

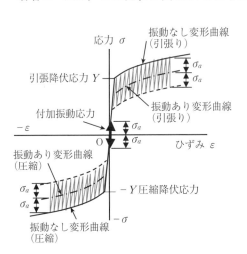

図 3.34　振動応力が金属の変形挙動に与える効果

3.3.2　ハンマリング効果

　3.1 節における振動切削の場合と同様に，塑性加工においてもパルス状の衝撃的な加工抵抗は材料に対する応力とひずみを狭い領域に集中させます．こ

の作用が，図3.31 (b) に示した振動変位の利用に相当し，ハンマリング効果と呼ばれています．ハンマで材料を叩くように加工力を1点に集中させ，衝撃力を与えて高い変形能を得るという考え方です．ここで，変形能とは，塑性加工において材料が塑性変形できる能力のことを意味します．

隈部博士は，このパルス状加工力を得るためには，振動切削における考え方と同様，加工速度と最大振動速度との関係において，前出の臨界切削速度に相当する条件を満足させることが必要であると述べています．すなわち，超音波塑性加工において，ハンマリング効果を得るためには，加工条件は，加工速度 v と最大振動速度 $v_v(=2\pi af)$ との関係を振動切削の場合と同様，次式のように設定する必要があります．

$$v < 2\pi af \tag{3.13}$$

ここで，a は振幅，f は振動数です．この塑性加工機構により，変形抵抗の低減，加工硬化の低減，摩擦の低減，あるいは加工温度の低減などの効果が得られるものと考えることができます．ただし，塑性加工の場合は，一般的に切削加工に比べて加工力が大きいので，工具への負担も大きくなるという考え方をもつ必要があります．

3.3.3　摩擦低減効果および潤滑特性改善効果

板成形，鍛造あるいは引抜きなどの塑性加工においては，工具と材料との接触による摩擦が常についてまわります．すなわち，工具と材料との接触において摩擦抵抗あるいは摩擦せん断応力が発生するわけです．たとえば，**図3.35** のように，円柱の材料が上下の平板工具によって圧縮されると，材料はつぶれて外側に広がろうとします．摩擦せん断応力 τ_f は，材料の流動方向と逆方向に作用するわけです．摩擦の現象は，実際には非常に複雑ですが，力学的には，以下の二つの摩擦が定義されています．一つは，クーロン摩擦であり，次式で表す

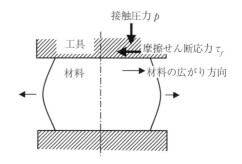

図3.35　円柱の圧縮試験における摩擦応力の発生

ことができます.

$$\tau_f = \mu p \tag{3.14}$$

ここで，p は接触圧力，μ は比例定数であり，クーロン摩擦係数と呼ばれています．この式によると，摩擦応力が接触圧力に比例することがわかります．

一方，接触圧力が高くなると，摩擦応力が一定値に近づいてくることが知られています．そのため，次式のように，摩擦抵抗は接触圧力に関係なく材料のせん断降伏応力に比例するという考え方もあります．これは，せん断摩擦と呼ばれ，次式のように表されます．

$$\tau_f = mk \tag{3.15}$$

ここで，m はせん断摩擦係数と呼ばれ，$0 \leq m \leq 1$ の範囲をとります．摩擦抵抗が材料のせん断降伏応力 k に達すると，τ_f はそれ以上大きくなりません．このときのせん断摩擦係数は $m = 1$ となり，この状態を固着摩擦と呼びます．

超音波振動をダイなどの塑性加工金型に与えることにより，摩擦低減効果が得られることが調べられています．摩擦の現象をトライボロジー論で考えると，摩擦は，2面間の摩擦界面での微小突起の金属同士の凝着であり，これを接線方向に引きちぎるときのせん断抵抗であるとされています．これに対して，超音波振動の作用は，この凝着部分を垂直方向に引きちぎる力として作用したり，お互いの突起を振動により乗り越えやすくなる動きとして作用したりといったことが考察されています．また，潤滑剤を含む界面では，超音波振動により2面間が離れるときに負圧が発生し，そこに潤滑材が引き込まれる効果があることも考察されています．

物体間の摩擦係数は，図 3.36 に示すようなボールオンディスク形摩擦試験法などにより調べられています．これは，ボールを回転する平面に一定の荷重 P により押し当て，そのときの回転負荷トルクからクーロン摩擦係数を算定する方法です．これによると，図 3.37 に一例を示すように，様々な金属などの材料において，各種の潤滑

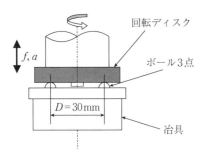

図 3.36　超音波トライボロジー試験方法（荷重 $P = 100 \sim 1000$ N，回転数 $n = 20$ min^{-1}）

条件や環境条件で摩擦係数が1/2〜1/5程度まで低減し、この現象は、先のBlaha効果と同様、超音波のON-OFFにより瞬時に摩擦係数が変化することが明らかにされています[7]。先の振動切削や塑性変形の原理からすると、トライボロジー試験に与えた荷重Pが超音波振動の影響で断続的になり、円板

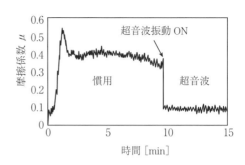

図3.37 超音波振動による摩擦係数低減効果の例

にかかる平均荷重が低下することが説明できます。このことと式(3.13)から、当然、クーロン摩擦係数μが低減することは理解できます。ただ、超音波がせん断摩擦係数mに与える影響は簡単には推測しにくいようです。

3.4　超音波に関する数式表現

断面積A、密度ρ、縦弾性係数Eの棒の縦振動(x方向)を考えるとき、応力をσ、ひずみをε、x方向の変位をuとすると、応力、ひずみおよび変位の関係は次式で表されます。

$$\sigma = E\varepsilon \tag{3.16}$$

$$\varepsilon = \frac{\partial u}{\partial x} \tag{3.17}$$

一方、ひずみエネルギーUおよび運動エネルギーKは次式で表されます。

$$U = \frac{1}{2}\int_0^\ell \sigma\varepsilon A\,dx = \frac{1}{2}\int_0^\ell EA\left(\frac{\partial u}{\partial x}\right)^2 dx \tag{3.18}$$

$$K = \frac{1}{2}\int_0^\ell \rho A\left(\frac{\partial u}{\partial t}\right)^2 dx \tag{3.19}$$

そこで、Hamiltonの原理を用いると、次の波動方程式が導かれます。

$$\frac{\partial^2 u}{\partial t^2} = c^2 \frac{\partial^2 u}{\partial x^2} \tag{3.20}$$

ここで、cは波の速度、すなわち音速であり、次式で表されます。

$$c = \sqrt{\frac{E}{\rho}} \tag{3.21}$$

さて,棒の端面の変位が次式で表されるとします.ここで,振幅は,つねに片振幅で定義していることに留意してください.

$$\text{変位} \quad x = a \sin 2\pi f t \tag{3.22}$$

このとき,速度,加速度は次のようになります.

$$\text{速度} \quad v = dx/dt = 2\pi a f \cos(2\pi f t) \tag{3.23}$$

$$\text{加速度} \quad d^2x/dt^2 = -4\pi^2 a f^2 \sin(2\pi f t) \tag{3.24}$$

棒の等価質量を m とすれば,最大慣性力 F_i は次のように表されます.

$$F_i = \left(m \frac{d^2x}{dt^2}\right)_{max} = 4\pi^2 m a f^2 \tag{3.25}$$

したがって,最大慣性力は,等価質量 m および振幅 a にそれぞれ比例し,周波数 f の2乗に比例することがわかります.ただし,固有振動数(周波数)の増加に比例して波長が短くなるので,振動体の長さは減少し質量も減少します.つまり,$m = k(1/f)$(k は定数)の関係が成り立つので $F_i = 4\pi^2 k a f$ となり,F_i は振幅 a と周波数 f にそれぞれ比例することになります.

また,振動エネルギー E_v は次式で表されます.

$$E_v = 2\pi^2 m a^2 f^2 \tag{3.26}$$

これは,質量 m に比例し,振幅 a および周波数 f の2乗にそれぞれ比例します.いい換えると,供給される振動エネルギーが一定のとき周波数が増大すると振幅は減少し,周波数が減少すると振幅は増大します.ただし,固有振動数(周波数)の増加に反比例して波長が短くなるので,振動体の長さは減少し,質量も減少します.つまり,$m = k(1/f)$(k は定数)の関係が成り立つので,$E_v = 2\pi^2 k a^2 f$ となり,振幅 a の2乗および周波数 f の1乗に比例します.

以上の主要なパラメータをまとめて記しますと,以下のようになります.

変位振幅:a

速度振幅:$2\pi a f$

加速度振幅:$4\pi^2 a f^2$

最大慣性力:$4\pi^2 m a f^2 = 4\pi^2 k a f$

振動エネルギー:$2\pi^2 m a^2 f^2 = 2\pi^2 k a^2 f$

次に，計算例を示しましょう．

変位振幅 $a = 5\,\mu\text{m} = 5 \times 10^{-6}\,\text{m}$，

振動周波数 $f = 40\,\text{kHz} = 40 \times 10^{3}\,\text{Hz}$

と仮定しますと，次のようになります．

速度振幅 $2\pi a f = 2 \times 3.14159 \times (5 \times 10^{-6}) \times (40 \times 10^{3})\,\text{m/s} \fallingdotseq 1.26\,\text{m/s}$

加速度振幅 $4\pi^{2} a f^{2} = 4 \times 3.14159^{2} \times (5 \times 10^{-6}) \times (40 \times 10^{3})^{2} \fallingdotseq 0.316 \times 10^{6}\,\text{m/s}^{2} = 32\,200\,g$ (g は重力の加速度で約 $9.8\,\text{m/s}^{2}$ ですから，その3万倍以上)

ここで，仮に，等価質量 m を $50\,\text{gr} = 0.05\,\text{kg}$ としますと，最大慣性力 $4\pi^{2} m a f^{2}$ は，$15\,800\,\text{N}\,(= 1610\,\text{kgf})$ となり，きわめて大きな慣性力が働くことがわかり，加工機に適用すると短時間ではありますが，きわめて大きな加工力となります．

参 考 文 献

1) 益子正巳・隈部淳一郎：「低い削り速度でも良い表面精度を得る二，三の新しい切削加工法（低温切削・反転仕上切削・超音波振動切削）」，日本機械学会誌，**62**, 480 (1959) pp. 98-104.
2) 隈部淳一郎：精密加工・振動切削—基礎と応用—，実教出版 (1979)．
3) 隈部淳一郎 ほか：「精密振動中ぐり加工に関する研究」，精密機械，**39**, 10 (1973) pp. 1002-1008.
4) 樋渡光典・岩部洋育 ほか：「主軸方向に超音波振動を与えたねじれ刃エンドミルによる側面加工における切削機構と切削性能に関する研究」，日本機械学会北陸信越支部学生会，第 43 回学生員卒業研究発表講演会講演論文集，No.0614 (2014)．
5) N. Suzuki et al.：Micro/Nano Sculpturing of Hardened Steel by Controlling Vibration Amplitude in Elliptical Vibration Cutting, Precision Engineering, 35, 1 (2009) pp.44-50.
6) F. Blaha und B. Langenecker：Dehnung von Zink-Kristallen unter Ultraschalleinwirkung, Naturwissenschaften (1955)
7) 野口裕之 ほか：「超音波振動付加トライボロジー試験」，塑性と加工，**45**, 524 (2004) pp. 37-42.

第4章 超音波振動は生産現場のこんなところに —切削, 研削, 研磨加工—

4.1 はじめに

第4章では，いよいよ超音波振動を応用した切削加工の実際について述べます．ここでは，加工方法別に，バイトによる旋削加工，超音波スピンドルによるエンドミル加工およびドリル加工，刃物による切断加工，および砥粒加工とその関連技術について解説します．関連事項として，切削とはやや異なりますが，放電加工に超音波振動を応用した場合の効果に関しても解説します．

4.2 超音波振動切削

まず，最も基本的な切削法であるバイトによる切削への適用方法と，その効果に関して述べます．ここでは，実際の超音波振動切削工具（バイト）の具体的な構造，切削における基本的な効果，旋削加工に応用したときの有効性について解説します．

4.2.1 超音波振動切削用工具（バイト）

超音波振動切削を行うために，まず必要なのが超音波振動する切削工具です．超音波振動切削が創案されたときに開発された超音波振動切削用バイトに関しては，第3章で少し説明しました．ここでは，それ以降から最近に至るまでに考案されてきた各種の超音波振動切削用バイトに関して説明します．

超音波振動切削バイトの設計は，超音波振動を伝送する振動ホーンでありながら，かつ切削工具でもあるという複合設

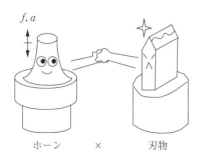

図4.1 超音波を伝送する切削工具（f：周波数，a：振幅）

計の世界です(図 4.1).

(1) 初期の超音波振動切削用バイト (曲げ・縦振動系)

超音波振動切削の開発当初に考案されたバイトは,図 3.10 に示したようなエクスポーネンシャル型の超音波振動ホーンの先端に小さな切削チップをろう付けした縦振動系バイトでした.しかしながら,この工具はあくまでも実験用であり,切削に対する剛性が十分ではなく,かつ切削チップの交換も簡単にはできません.そこで,隈部博士により,図 4.2 に示すような縦振動系あるいは曲げ振動系バイトが考案されています.

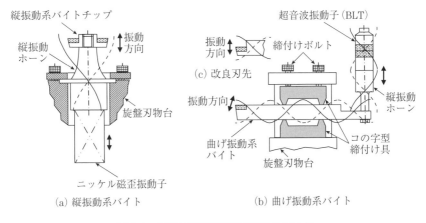

図 4.2 初期の超音波振動切削工具の形式

縦振動系バイトは,図 4.2(a)に示すように,超音波振動子と 1/2 波長の縦振動ホーンを連結して,その先端にバイトをねじなどで取り付ける方式です.図 4.3 は,1963 年ごろ(超音波振動切削が考案されて約 8 年後)に製作された実用型の半自動工作機械です[1].この工作機械は,アルミニウム,パーマロイおよび純鉄で構成される電気部品を切削するための専用機械です.それらの構成材料は,いずれも延性が高く,たいへん切削しにくい金属です.超音波振動切削法は,これらの難削材料を精度よく切削できる技術として注目されました.縦振動系バイトは旋盤の正面ドア内部に設置され,超音波振動数は 20 kHz で,最大振幅は 20 μm です.

曲げ振動系バイトは,図 4.2(b)に示すように,超音波振動子から発生され

96　第4章　超音波振動は生産現場のこんなところに ―切削, 研削, 研磨加工―

図4.3　縦振動系バイトを利用した実用型正面旋盤（新潟鐵工所「120 VLR」）[1]

る超音波振動を1/2波長の縦振動ホーンに伝達させ，それをバイトシャンクとなる曲げ振動ホーンに伝達する方式です．バイトシャンクの長さを四次モードで共振する長さにすることにより両端が振動腹となり，内側に4箇所の振動節が発生します．その振動節の二つを利用して，コの字型締付け具を用いて旋盤の刃物台に固定することができます．

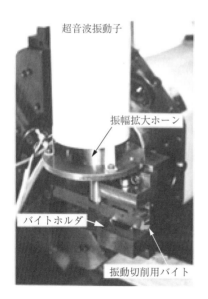

図4.4　曲げ振動系バイトの実施例

この曲げ振動バイトにおいては，刃先振動方向が，図中に示すようにバイトに垂直な方向（切削方向）ではなく，大きく右側に傾斜してしまうといった原理的な難しさがあります．これを解決するために，図4.2(c)に示すように，刃先をシャンクの半分の位置まで下げて曲げ振動の中立軸と一致させることにより，刃先振動方向がシャンクに対してほぼ直角方向になるように調整したり，バイトそのものを傾斜させて刃物台に設置して，振動方向が切削方向と同方向からわずかに被削材に食いつく方向になるように工夫しています．大型のNC旋盤のタレット刃物

台に曲げ振動系バイトを設置した例を**図4.4**に示します．なお，超音波振動子はカバーの中に格納されています．この装置では，cBN（立方晶窒化ほう素）やダイヤモンドバイトによる焼入鋼の切削実験がなされました．

縦振動系バイトの問題点は，工具の長さ（高さ）に最低1波長が必要（振動子とシャンクを一体化すると半波長までは小型化できる）なため，周波数20 kHzの場合，高さが約260 mm（1波長），40 kHzの場合で130 mm（1波長），60 kHzで87 mm（1波長）と縦長になってしまう点です．したがって，大型の工作機械や，あるいは専用に製作された工作機械でないと利用しにくいといった問題点を含んでいます．

（2） その後の超音波振動切削用バイト（曲げ・縦振動系）

現在のバイトは，一般的にチップがスローアウェイ式（使い捨て型）となっており，標準の市販チップが，専用シャンクにねじやクランプによって固定される方式が主流になっています．縦振動系で市販のスローアウェイチップを使用することができる超音波振動切削用バイトの例を**図4.5**に示します．このバイトは，著者の一人が研究用に開発したものです[2]．安定した振動が得られ，図(b)のように，各種の市販のスローアウェイチップが使用できるなど，実用的でもあります．

図2.11(c)に示した曲げ振動型ボルト締めランジュバン型超音波振動子（BLT）を用いた曲げ振動系バイトの例を**図4.6**に示します．このバイトは，専用に設計された振動子とバイトシャンクとが一体構造となっているため，工具全体が，これまでのものに比べてコンパクトになっています．そのため，取付け可能な工作機械の範囲が広くなります．振動モードは，工具全体が三次の曲げ振動モードで共振する設計となっており，中間の2箇所の振動節で固定されています．図に示したものは外径切削用のバイトであり，切削チップには，専用の三角形の超硬スローアウェイチップがねじで取り付くようになっています．このほかに，内径切削用のバイトもあり，専用の中ぐり用シャンクがBLT先端に取り付き，内径1〜8 mm程度の内径加工が可能となります．

このバイトにおいても，前項で述べたように，切れ刃の振動方向は図中右側にやや向きます．そのため，バイトの設置には，10°前後傾斜させて設置する方式がとられています．

98　第4章　超音波振動は生産現場のこんなところに―切削,研削,研磨加工―

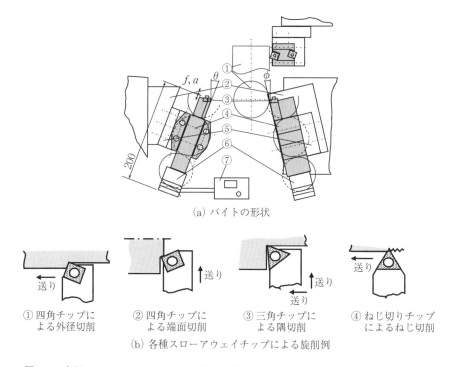

図4.5　市販スローアウェイチップが使用可能な縦振動系バイトの例(① 工作物, ② 刃物台, ③ スローアウェイ式切削チップ, ④ 一波長縦振動バイトシャンク, ⑤ シャンク固定具, ⑥ 超音波振動子(BLT), ⑦ 超音波発振器, θ:振動方向角度(工作物接線方向), ϕ:振動方向角度(工作物軸方向), f:周波数, a:振幅)[2]

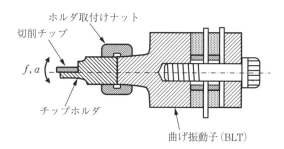

図4.6　BLT一体型の曲げ振動系バイトの例 [多賀電気(株)]

(3) ねじり振動系バイト

ねじり振動系バイトは,円柱のねじり振動モードを利用したバイトです.

開発当初は，図 4.2 (b) のような構成で縦振動ホーンを円柱の円周方向に沿って接続することで，ねじり振動を発生させていましたが，現在では，図 2.11 (b) に示したねじり振動型ボルト締めランジュバンタイプ振動子を利用する方法がほとんどです．図 4.7 に，隈部博士が開発したねじり振動系バイトの例を示します．これは，外径切削用のバイトで，周波数 20 kHz で振動します．バイトの後端にねじり振動子（BLT）を設置し，バイトシャンクの直径は $\phi 40$ mm 程度で，全体が 1.5 波長で共振します．固定は，やはり中間の振動節 2 箇所で固定します．切削チップは，先端の振動円板の対称 2 箇所に小さなチップがろう付けされています．現在では，縦振動や曲げ振動系バイトと同様に，市販のスローアウェイチップが使用可能なものも開発されています．

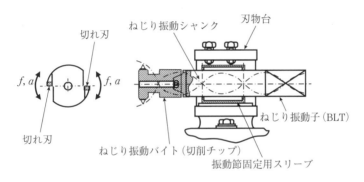

図 4.7 ねじり振動系バイトの例

4.2.2 超音波振動切削の効果
(1) 切削面の観察

超音波振動切削の具体的な加工事例を見ながら，その特徴を説明していきます．図 4.8 は，硬さが 40 HRC（ロックウェル硬さ C スケール）のプリハードン鋼の平面を，図 4.5 に示した縦振動系バイトを用いて，切削したときの切削面の外観と，その表面粗さを示しています．切削チップには一般的な超硬合金のスローアウェイチップを用いています．超音波振動なしの場合の切削面（慣用切削）は，中心部分でやや曇った切削面であり，表面粗さは $2.4\,\mu m\,R_z$（最大高さ粗さ）となっています．このときの切削速度 v は，$v = 100$ m/min 程度です．この速度は，一般的な旋削加工に比べてやや遅い程度の速度です．

第4章 超音波振動は生産現場のこんなところに ―切削, 研削, 研磨加工―

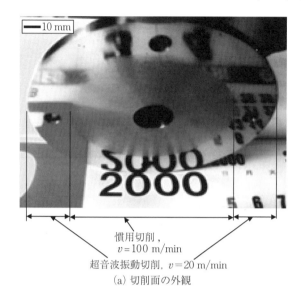

慣用切削, $v=100$ m/min
超音波振動切削, $v=20$ m/min
(a) 切削面の外観

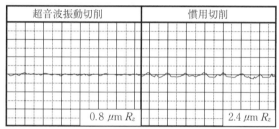

(b) 仕上げ面粗さのプロファイル

図 4.8 超音波振動切削における切削面の外観と表面粗さの例 (工具: 超硬合金, 被削材: プリハードン鋼, 周波数 $f=21$ kHz, 振幅 $a=10$ μm, 切込み深さ $d=0.2$ mm, 湿式)

　それに対して, その外周側は超音波振動を ON して切削したときの切削面です. 写真から, きれいな鏡面加工ができていることがわかり, 表面粗さも慣用切削の 1/3 程度に低下して切削面の状態が向上しています. ただし, このときの切削速度は $v=20$ m/min 程度です. この振動条件における臨界切削速度 $v_c (=2\pi a f)$ は $v_c = 79.2$ m/min $\{2\pi \times (10 \times 10^{-6}) \times (21 \times 10^3 \times 60)\}$ ですので, その約 1/4 の切削速度で切削しています. すなわち, 超音波振動切

削における切削面の向上効果は，臨界切削速度以下において発揮され，切削速度が臨界切削速度に近づいていくにつれて，その効果は薄れていき，臨界切削速度以上において慣用切削と同等になってしまうのです．

（2）切りくずの観察

超音波振動切削による切りくずの観察結果を 図 4.9 に示します[3]．これは，炭素鋼 S50C に対して，切削速度 $v = 300$ mm/min の遅い切削速度で二次元切削を行ったときの切りくずです．先に 図 3.11 においても示しましたが，超音波振動切削による切りくずの形態は，慣用切削のそれに比べてはるかに薄く，表面および端部のバリが少ないきれいな切りくずとして排出されます．また，手で触ってみると，ばねのように柔らかい質感です．ここで，金属切削における切りくず生成について考えてみます．果物などの皮剥きは，図 4.10 (a) に示すように切断によります．それに対して，金属切削における切りくずの生成は，図 (b) に示すように，バイトのすくい面が金属を斜め前方に押し上げ，刃先から金属表面に向かう面上でせん断変形がなされることによります．せん断角 ϕ はその角度のことを指し，一般的な切削においては，$20°\sim45°$ の範囲をとり，その角度が大きいほど，せん断面長さも短くなり，切りくず生成に要する抵抗とエネルギーが少なく，スムーズな切りくずの生成がなされるとされています．

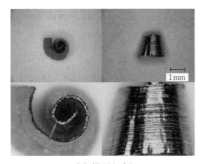
(a) 慣用切削

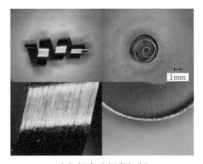
(b) 超音波振動切削

図 4.9 超音波振動切削により生成された切りくず（工具：超硬合金，被削材：プリハードン鋼，周波数 $f = 21$ kHz，振幅 $a = 10\ \mu$m，切込み深さ $d = 0.2$ mm，湿式）[3]

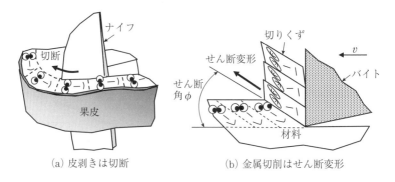

(a) 皮剥きは切断　　(b) 金属切削はせん断変形

図4.10 金属切削における切りくず生成とせん断角 ϕ

切りくずの形態から見ても，超音波振動を与えることにより，せん断変形に要する力が低減したことや，バイトすくい面での切りくずの流れがスムーズになったことと同じ現象が観察され，切削がスムーズに行われている状況が推測できるわけです．切りくずに対するこの効果も，切削面の場合と同様，臨界切削速度以下において発揮され，切削速度が臨界切削速度に近づくにつれてその効果が薄れていき，臨界切削速度以上においては慣用切削と同等になります．

（3）切削抵抗の測定

炭素鋼S50C，プリハードン鋼HPM2Tおよび超々ジュラルミンA7075Pに対して切削方向の切削力（主分力と呼びます）を測定した結果を**図4.11**に示します[3]．この切削も切削速度 v が 900 mm/min と非常にゆっくりした切削速度です．その結果，切削抵抗は材料にかかわらず，慣用切削の1/6程度に低減していることがわかります．この理由は，第3章の図3.16で説明したように，

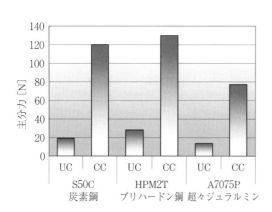

図4.11 超音波振動切削における切削抵抗（UC：超音波，CC：慣用，$v = 900$ mm/min，切込み深さ $d = 0.025$，送り $p = 1.5$ mm）[3]

切削作用時間 t_c と振動周期 T との比 t_c/T（切削速度 v と臨界切削速度 v_c の比とほぼ同義で v/v_c でもよい）の作用によります．したがって，切削速度が臨界切削速度に対して遅いほど，切削抵抗低減効果が大きいということになります．

（4）切削面表面粗さの測定

同様の切削において表面粗さを測定した結果を **図 4.12** に示します[3]．炭素鋼 S50C とプリハードン鋼 HPM2T に関しては，表面粗さが大きく改善されています．その理由は，このような低速切削においては，慣用切削では構成刃先が発生して切削面が荒れるためです．構成刃先とは，切削している材料が切削工具の刃先に溶着したもので，それが成長したり

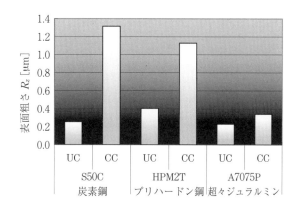

図 4.12 超音波振動切削における表面粗さ（UC：超音波，CC：慣用，$v=900$ mm/min，切込み深さ $d=0.025$，送り $p=1.5$ mm）[3]

脱落したりするために，切削面を不規則に荒すため，切削では回避すべき現象です．一般的には，切削速度を高速化して切削温度を再結晶温度まで高めることによって，構成刃先は消滅します．

超音波振動切削では，低速切削においても構成刃先ができにくいため，表面粗さが大きく改善されます．図 4.8 に示したように，低速切削において鏡面切削ができるのも，その理由によります．一方，低速でも構成刃先ができにくい超々ジュラルミン A7075P の場合では，あまり表面粗さが低減していないこともわかります．

（5）極微細切削への効果の検証

直径が φ0.2 mm を切るような極微小直径の材料においては，主軸回転数をいくら高速化しても，その周速度には限界があります．すなわち，慣用切削に

おいて良好な切削条件となる高速切削ができません．そのような場合に，超音波振動切削の効果が発揮できます．

直径 50 μm という極細径の軸を片持ちで切削したときの切削表面の写真を図 4.13 に示します．慣用切削の場合では，表面粗さが粗く，切削がきわめて不安定であることがわかります．それに対して，超音波振動切削の場合では，きれいな切削面が得られています．

それを切削したバイトを図 4.14 に示します．このバイトは，周波数 $f = 38$

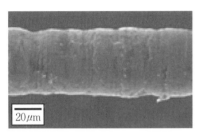 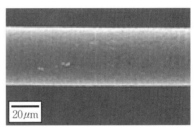

(a) 慣用切削　　　　　　　(b) 超音波振動切削

図 4.13 超音波振動切削および慣用切削による極微細軸の切削面（工具：超硬，被削材：SKS3，回転数 $N = 5\,000\ \mathrm{min}^{-1}$，切込み深さ $d = 1.475\ \mathrm{mm}$，送り $s = 2\ \mu\mathrm{m/rev}$，周波数 $f = 38\ \mathrm{kHz}$，振幅 $a = 5\ \mu\mathrm{m}$，湿式）

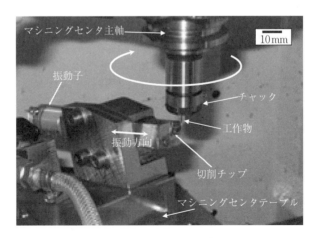

図 4.14 縦振動系バイトによる切削装置（マシニングセンタに設置）の例

kHzで振動し，工具の形状は，先の図4.5で説明したものと同様です．超音波振動切削法で加工した極微細径軸の全体写真を**図4.15**に示します．両端の最小部直径は$\phi 50\,\mu$m，その次は$\phi 70\,\mu$m，および太径部直径は$\phi 0.5$ mmとなっています．超音波振動切削の各種効果が生かせる部品の一例です．

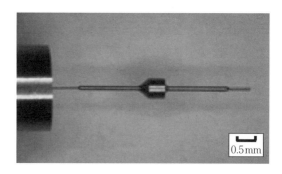

図4.15 超音波振動切削による極微細軸（最小部直径 $50\,\mu$m）の切削例（回転数 $N=1\,000$ min^{-1}，切込み深さ $d=1.4$ mm，送り $s=2\,\mu$m/rev，周波数 $f=38$ kHz，振幅 $a=5\,\mu$m，湿式）

4.2.3 切削された面の残留応力
（1）超音波振動切削された面には圧縮残留応力

図4.16の方法で，超音波ねじり振動を工具に付加しながら旋盤で外丸削りを行ってみました[4]．工具切れ刃は，ねじり振動軸を含む水平面内に設置していますから，工具切れ刃はほぼ上下方向，すなわち近似的に主運動方向の超音波振動を付加していることになります．その結果，工作物表面の円周方向の残留応力は，**図4.17**のようになりました[4]．この図で，同一条件の2本の棒グラフは，同じ試料の異なる2箇所で測定した結果です．この図から明らかになることは，超音波振動を付加しないと加工面には引張応力が残留しますが，超音波振動を付加すると圧縮応力が残留することです．しかも，超音波振

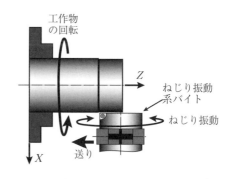

図4.16 超音波ねじり振動切削の方法（被削材：S55C，工具：TiN被覆超硬，切削速度 $v=22.8$，30.0，188 m/min，送り $p=0.097$ mm/rev，切込み深さ $d=0.2$ mm，切削油なし）[4]

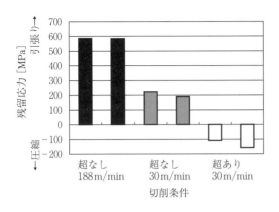

図4.17 超音波振動の有無および切削速度と残留応力との関係(図中の「超」は超音波振動を意味する)[4]

動を付加しない場合,通常使用される150〜200 m/minの切削速度では,30 m/min程度の低い切削速度に比べて引張りの残留応力が高くなることです.引張りの残留応力とは,その部分が周りから引っ張られているわけですから,そこに弱い部分,たとえば傷や介在物などがあると,わずかの衝撃,外力および低温環境下でき裂が発生したり,拡大することを意味します.それは,さらに錆や大きな破壊の原因ともなります.それに対して,超音波振動を付加した場合には圧縮残留応力となり,き裂や破壊の発生確率が低下することを意味します.これは,超音波振動切削された面の顕著な特長といえます.したがって,安全に注意が必要な部品や製品の加工に超音波振動切削を適用するメリットがここにあります.

(2) 圧縮残留応力の発生原因

では,なぜ超音波振動を付加すると,加工面が圧縮残留応力となるのでしょうか? それにはいくつかの原因が考えられます.それは,いまのところ,ひずみ速度,加工硬化(変形によって材料が硬くなること),切削温度および工具の超音波振動モードが関係していると考えられています.

① ひずみ速度

切削では,材料の不要な部分は切削工具によりせん断変形を受けて切りくずになります.ひずみ速度とは,単位時間に起こるせん断ひずみの大きさのことを指します.ひずみは無次元(単位がない「長さ/長さ」)ですから,ひずみ速度の単位は[1/s]となります.つまり,1秒間に起こるひずみの大きさを表します.

図4.18(a)のように,バイトが左の方向に進みながら超音波振動切削をし

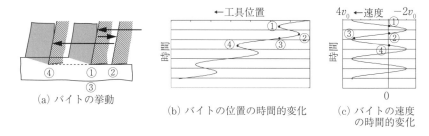

図 4.18 超音波振動切削におけるバイトの挙動[4]

ている場合，① から ② の動きではバイトと切りくずは離れ，② から ③ の動きでバイトは切りくずに近づきます[4]．そして，次の ③ から ④ の動きにおいて切削を行います．これで 1 サイクルが完了します．通常，超音波振動切削では，振動効果を最大限発揮させるために工具すくい面と切りくずが十分離れるように "超音波振動切削時の平均切削速度（超音波振動を付加しないときの切削速度）v_0 を最高振動速度 v_{vmax}（$=2\pi af$：a と f は，それぞれ超音波振動の片振幅と周波数）の 1/3 以下の値" に選びます．平均切削速度 v_0 が最高振動速度 v_{vmax} の約 1/3 のとき，$v_0 \fallingdotseq (1/3)v_{vmax}$ ですから，超音波振動切削時の最高切削速度 $v_{max} = v_0 + v_{vmax} \fallingdotseq 4v_0$ となります．すなわち，図 4.18 (c) の速度線図から，瞬時のバイトの切削速度が $(0 \sim 4)v_0$ の範囲ですくい面と切りくずが接触し切削が行われていることになり，平均するとおよそ $(0+4v_0)/2 = 2v_0$ で切削が行われていることになります．また，切削速度とひずみ速度はほ

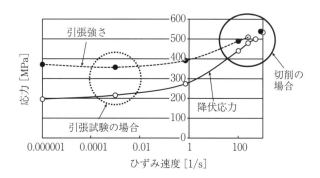

図 4.19 ひずみ速度とせん断降伏応力との関係〔参考文献 5）より編集〕

ほ比例関係にあると考えられます。一方、図4.19 に示すように、ひずみ速度の増大はせん断降伏応力の増大を引き起こします[5]。これは、さらにせん断領域において工作物を圧縮する応力の増大も伴うことになり、圧縮残留応力の増加へとつながります。また、超音波振動を付加した切削は、ただ単に切削速度を上げる場合と違って、切りくず-すくい面間に空気や切削油剤が浸入するため、顕著な温度上昇が起こることは少なく、通常の切削に比べて切削温度が低下することも引張残留応力を軽減することになります。結局、超音波振動切削された工作物の表面近傍には圧縮残留応力が残ることになります。

② 加工硬化

加工硬化とは、材料が変形を受けて硬くなることを意味します。図4.20 は、超音波振動切削後と超音波振動無付加切削後における加工面近傍の硬さ分布を示しています[4]。振動を付加した場合のほうが表面硬さがやや高くなる傾向が見られます。一方、これまでの研究から、切削中のせん断領域前方において既に加工硬化が観測されており(図4.21)[6]、加工硬化が大きいほど加工に要するせん断面上の圧縮応力が増大すると考えられますから、圧縮残留応力が増大すると考えられます。

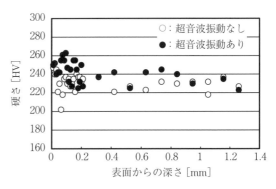

図4.20 超音波振動の有無における加工面の硬さ分布(切削速度 $v=30$ m/min、送り $p=0.097$ mm/min、切込み深さ $d=0.2$ mm)[4]

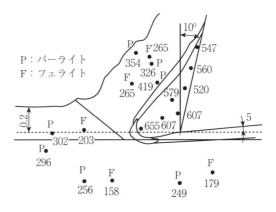

図4.21 二次元切削における切削領域の硬さ分布[6]

③ 切削温度

切削時に工作物表面温度が上昇すればするほど,加工終了後に常温まで温度が降下したときの表面に発生する引張残留応力は高くなるはずです.そこで,Timoshenko の式を用いて熱応力の解析を行いました.これによりますと,鋼製丸棒表層の加工直後の温度上昇による円周方向熱応力 σ_θ は次式で表されます.ただし,温度分布は半径 r の二次関数と仮定しています (**図 4.22**)[4].

$$\sigma_\theta = \alpha E \frac{T_b - T_0}{2} \tag{4.1}$$

ここで, α, E, T_b, および T_0 はそれぞれ線膨張係数,縦弾性係数,外周面温度および中心温度です.いま,仮に被削材を鋼とすると $\alpha = 11.5 \times 10^{-6}/\mathrm{K}$, $E = 206$ GPa ですから, $T_b - T_0 = 50$ K と仮定すると $\sigma_\theta = 59.2$ MPa となります (実際には,切削直後の外周面温度 T_b を測定して熱応力 σ_θ を評価する必要があります).

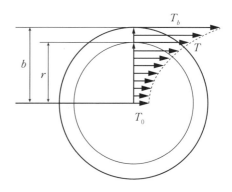

図 4.22 外丸削りを行っているときの温度分布 (半径の二次関数であると仮定)[4]

以上のことから,図 4.17 をもう一度見ると,切削速度が速い「超なし 188 m/min」において,外周面温度が他に比べて高いことが明らかなので,これが引張残留応力を大きくしている大きな要因であると考えられます.

④ 工具の超音波振動モード

工具の振動モードとは,工具がどのような方向に超音波振動しているかということです.つまり,切削方向にのみ振動しているかどうかです.**図 4.23** に示すように,2 台のレーザドップラ振動計 (LDV) を用いて,周波数 27 kHz の超音波ねじり振動切削装置に取り付けたスローアウェイチップ (水平と垂直の二つの平滑基準面をもつ) の X, Y 軸方向挙動を調べました[4].その結果,主運動方向 (Y 方向) と切込み運動方向 (X 方向) の振動片振幅は,それぞれ 7.90 μm, 1.48 μm となりました.すなわち,切込み運動方向にはわずか 1.48

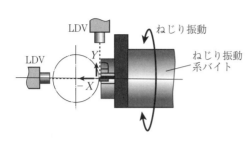

図 4.23 超音波ねじり振動切削装置の振動モードの測定[4]

μm ではありますが,振動が切込み運動方向の成分をもち,それは工作物表層に圧縮残留応力を残す可能性があります.それは,ショットピーニング(多数の小さい鋼球などを表面にぶつけて表面下に圧縮残留応力を残す加工方法)における圧縮残留応力の発生と類似のものであることがわかります.

以上をまとめると,超音波振動切削を行うことにより,超音波振動を付加しない切削に比べて,切削温度が下がること,ひずみ速度が上がること,加工硬化がやや高くなること,および超音波振動切削装置の切込み運動方向の打撃により,結果として被削面に圧縮残留応力が残ることになります.

4.2.4 切削された面の錆

(1) 通常切削と超音波振動切削における表面の錆の違い

図 4.16 に示したように,切削速度 30 m/min で炭素鋼(S55C)の丸棒の外丸削りをバイト(切削工具)に超音波振動を付加せずに通常の方法で行った場合と超音波振動を付加して行った場合の工作物表面の錆の発生状況を比較してみます[7].この二つの方法で切削した炭素鋼の工作物を高い湿度(相対湿度 80%,温度 21℃)の容器に数日間入れて,その加工面の表面状態の変化を観察しました.

その結果,図 4.24 のように,超音波振動を付加しない場合には,1 日後に最大直径 約 1.5 mm の錆が出始め 5 日後には最大直径 約 3.2 mm の錆へと拡大していきました[7].一方,超音波振動を付加した場合には,1 日後に直径 0.7 mm 以下の細かい錆が発生し,5 日後はやや大きさを増していきました.このように,超音波振動を付加すると,錆の大きさが小さく,しかも錆の進行がやや抑えられていることがわかります.

(2) 表面粗さと錆

では,なぜこのような違いが現れるのでしょうか?

既にご存知のように，超音波振動切削した加工面の表面粗さは小さくなります．図 4.25 と図 4.26 は，超音波振動の有無に対する送り方向（工作物軸方向）と切削方向（円周方向）の加工表面の断面曲線の例をそれぞれ示しています．送り方向断面曲線から，超音波振動無付加では最大高さ粗さが約 $20\,\mu\mathrm{m}\,R_z$ であり，超音波振動付加では約 $5\,\mu\mathrm{m}\,R_z$ となっています．切削方向断面曲線については，粗さの値はわかりませんが，明らかに超音波振動付加に比べ超音波振動無付加の方が粗いことがわかります．

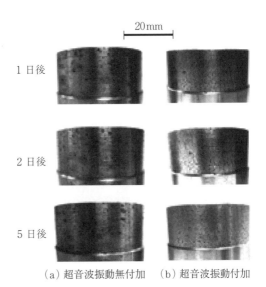

(a) 超音波振動無付加　　(b) 超音波振動付加

図 4.24　超音波振動無付加／付加で切削された工作物の高湿環境下での外観の変化（工具：TiN 被覆超硬，工作物：S55C，切削速度 $v=30.0\,\mathrm{m/min}$，送り $p=0.097\,\mathrm{mm/rev}$，切込み深さ $d=0.2\,\mathrm{mm}$，切削油：不使用）[7]

以上のことから，超音波振動無付加の場合の方が周囲の雰囲気に触れる表面積が大きく，これが錆やすさの一因であると考えられます．

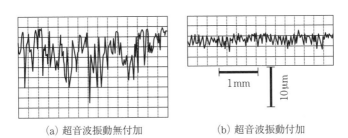

(a) 超音波振動無付加　　　　(b) 超音波振動付加

図 4.25　送り方向の断面曲線

(3) 構成刃先と錆は関係ある？

次に，構成刃先と錆との関係について述べましょう．超音波振動を付加して切削すると，工具すくい面と切りくずの接触が間欠的になるため構成刃先が成長する時間がほとんどなくなることと，たとえ構成刃先が瞬間的に生成されたとしても構成刃先が切れ刃に付

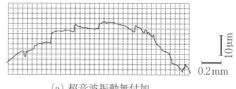
(a) 超音波振動無付加

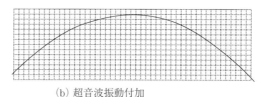
(b) 超音波振動付加

図4.26 切削方向の断面曲線

きにくくなり（これとは別に，工具を瞬間的に切りくずから引離す実験を行うと構成刃先は切りくずの方に付着します），また工作物表面に脱落することもなくなる〔**図4.27**(b)〕ことが知られています．一方，これまでの著者の一人の研究から，**図4.28**に示すように，構成刃先の位置（A～E）と顕著な錆の位置（A'～E'）が一致することがわかりました．すなわち，構成刃先が生成すると顕著な錆が発生しやすくなることを意味しています．ですから，超音波振動を付加すると，構成刃先が生成しにくく，結果として顕著な錆が発生しにくい

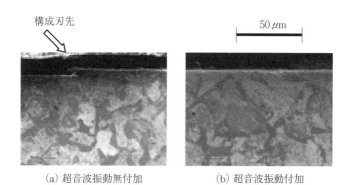

(a) 超音波振動無付加　　　(b) 超音波振動付加

図4.27 超音波振動の有無と構成刃先および表面下組織

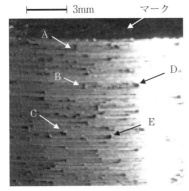 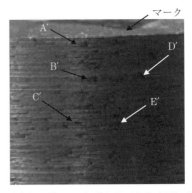

(a) 加工直後の構成刃先生成位置　　(b) 加工後49日経過した工作物表面の錆

図4.28 構成刃先脱落片と錆の位置（超音波振動無付加）

ことになります．構成刃先脱落位置で錆を生じやすい原因としては，その付近で表面積が大きくなることと，大きなひずみを受けている構成刃先脱落片のひずみが解放されることによる反応性の上昇があるものと推定されます．

以上をまとめると，超音波振動切削に適した比較的低い同一切削速度では，構成刃先を生成しにくい超音波振動切削の場合に錆を生成しにくく，構成刃先を生成する超音波振動無付加の切削の場合に錆を生成しやすいことがわかります．

（4）残留応力と錆

超音波振動を工具に付加しない通常の切削で加工した表面には，図4.17で示したように引張残留応力が残るのに対して，超音波振動切削した表面は圧縮残留応力となります．この理由は，4.2.3項で説明しました．表面が引張残留応力になることは，その表面に何らかの衝撃が加わったり傷がついたりすると，そこに割れ，すなわちき裂が発生するとともにき裂の奥では応力集中のために，さらに大きなき裂となっていくことを意味しています〔**図4.29(a)**〕．このき裂により，表面積が増大するとともに新生面が現れて活性化し錆やすくなります．一方，圧縮残留応力の場合には，図(b)のように衝撃や傷などによってもき裂が生じることはなく，つねに安定した表面を維持できるのです．すなわち，超音波振動切削した表面は，通常，圧縮残留応力をもつので，錆に

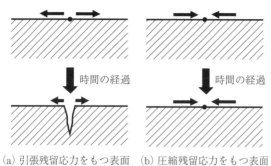

(a) 引張残留応力をもつ表面　(b) 圧縮残留応力をもつ表面

図4.29　引張・圧縮残留応力と加工表面の変化

くい表面であるということになります．引張残留応力をもつ面を発生しにくくするために，特に繰返し応力の下や腐食環境の下で使われる部材や機械要素などは，直径 0.05〜1.3 mm の多数の鋼球，セラミック球，ガラス球などを表面にぶつけるショットピーニングという加工により表面を圧縮残留応力にし，あるいは加工硬化して使うことが一般的です．

4.3　超音波振動エンドミル加工

エンドミルは，一般的に2枚以上の切れ刃を有する工具を回転させながら金型などの金属材料を切削するための工具です．エンドミルには，図4.30に示

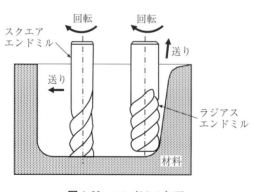

図4.30　エンドミル加工

すような先端コーナ部が直角なスクエアエンドミル，コーナ部にアールが付けられたラジアスエンドミル，あるいは先端切れ刃が球形状になっているボールエンドミルなどがあり，それぞれ加工の形状に合わせて使い分けられています．

ボールエンドミルの軸方向に超音波振動を与えた場合の切れ刃に対する振動方向の関係を図4.31に示します．ボールエンドミルの切れ刃は 90°にわたる領域に存在し，ボールの外周部では，図3.17に示したような送り分力方向振動切削機構となり，ボールの先端部(ウェブ)では，

4.3 超音波振動エンドミル加工　115

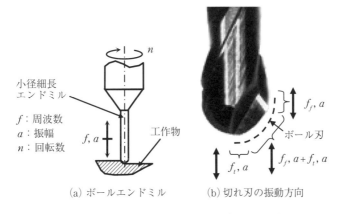

(a) ボールエンドミル　　(b) 切れ刃の振動方向

図 4.31 ボールエンドミルによる超音波振動切削

図 3.18 に示したような背分力方向振動切削機構となります．その中間では，両者が複合した切削機構となります．この工具に超音波振動を付与するためには，超音波振動しながら回転する主軸を準備する必要があります．まずは，その超音波振動主軸の構造からお話しします．

4.3.1 超音波振動主軸

超音波振動主軸は，エンドミル加工，ドリル加工および研削加工などの回転工具による超音波振動切削加工を成立させるための重要な機械要素です．すなわち，エンドミルなどの回転工具に，超音波振動を強力かつ精密に伝達させる機能と，高精度かつ高速度に回転させる機能との両方が要求されるわけです．

超音波振動主軸の開発経緯と現在の主軸の構造について解説します．

（1）スリーブ付き主軸

超音波振動主軸の原形は，隈部博士により 1960 年ごろに考案されています．初期の超音波振動主軸の構造を **図 4.32** に示します．これは研削砥石用の主軸であり，砥石は主軸先端に接着されています．超音波振動の発生は，主軸後端にはんだ付けされているニッケル磁歪型振動子によります．主軸は 2 箇所の振動節のところでスリーブに連結され，スリーブが軸受に支持され，主軸の軸方向に超音波振動しながら回転数 $2\,000\ \mathrm{min^{-1}}$ 程度で回転します．ニッケル磁歪振動子は，ニッケル薄板積層構造による磁歪駆動型であり，四角形状で重量

が重く，さらに強制冷却が必要で，回転バランスも悪いものでした．

現在では，**図 4.33** に示すように，共振振動する主軸を 1 箇所あるいは 2 箇所の振動節の位置でスリーブに支持（図は 2 箇所支持の例）させ，振動子には，軽量で円柱型のボルト締めランジュバンタイプ電歪型振動子（BLT）が使われており，主軸の回転性能が大きく向上しています．

（2）スリーブなし主軸

図 4.34 は，著者の一人が研究を進めている方

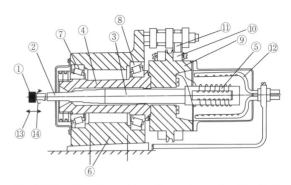

①：砥石，②，③：主軸，④：スリーブ，⑤：振動子，⑥：ハウジング，⑦，⑧：軸受，⑨，⑩：スリップリング，⑪：ブラシ，⑫：冷却パイプ，⑬：振動方向，⑭：回転方向

図 4.32 縦振動系超音波振動回転主軸（隈部淳一郎博士論文より引用）

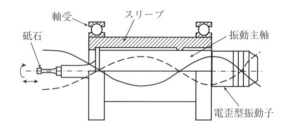

図 4.33 現在のスリーブ支持型縦振動系超音波振動主軸

式で，主軸の 2 箇所の振動節に直接軸受を配置し，軸受から外部に振動を伝達させることなく主軸を支持しています．また，振動発生のための圧電素子は主軸と一体化させています．主軸端への工具の取付けは焼きばめチャックを利用しており，汎用工具を安定してチャッキングできるようになっています．実際に製作した主軸は，図(b)のような外観で，主軸径は$\phi 16\,{\rm mm}$で，周波数は 41 kHz であり，振幅は $0 \sim 3\,\mu{\rm m}\,(0\text{-}p)$，回転数は $30\,000\,{\rm min}^{-1}$，および工具端での振れ回りは $3\,\mu{\rm m}$ 以内となっています．

（3）空気静圧軸受主軸

図 4.35 は，超音波振動する主軸を空気静圧軸受などの非接触型の軸受で支

4.3 超音波振動エンドミル加工　117

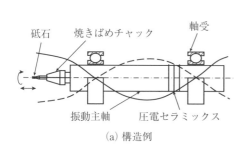

(a) 構造例　　　　　　　　(b) 主軸例〔(株)industria〕

図 4.34　スリーブなし超音波振動主軸

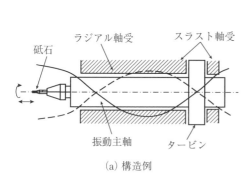

(a) 構造例　　　　　　　　(b) 主軸例〔(株)industria〕

図 4.35　空気静圧支持超音波振動主軸

持する方式です．回転駆動は，空気タービンあるいはビルトインモータとすることにより，超音波振動主軸は，完全に外部と非接触となり，超音波振動が固体を通じて外部に漏れることはありません．図 (b) は，著者らの一人が製作した主軸であり，空気静圧軸受型のタービン駆動方式であり，主軸径は $\phi 20$ mm で周波数は 41 kHz であり，振幅は $0 \sim 3\,\mu$m (0-p)，回転数は 50 000 $\min^{-1}$，工具端での振れは $1\,\mu$m 以内を実現しています．

以上のように，エンドミルなどの回転工具による超音波振動切削または研削においては，超音波振動する主軸を核として，そのスピンドルや工作機械全体

の高性能化を図ることも必要な総合的な技術となっているのです．

4.3.2 超音波振動エンドミル加工における効果
(1) 小径細長工具におけるたわみ防止
超音波振動エンドミル加工による効果の一つとして，小径細長ボールエンドミル加工における工具のたわみやびびり振動防止の効果が挙げられます．たとえば，携帯電話や微細な機械部品の金型には，加工箇所によって直径が$\phi 0.5\,\mathrm{mm}$以下の極小径で，その長さが10倍以上の小径細長エンドミルでの加工が要求されるものもあります．

そのような場合に，超音波振動エンドミル加工法が効果を発揮します．直径$\phi 0.2\,\mathrm{mm}$で，有効長が$3\,\mathrm{mm}$〔アスペクト比（長さと直径の比）：15〕のボールエンドミルを用いて，深さ$3\,\mathrm{mm}$の文字溝を加工した事例を**図4.36**に示します．慣用エンドミル加工では，エンドミルが回転につられてたわみ，いろんな方向に動いてしまい，うまく溝を定めることができません．そして，加工途中で工具が折損してしまいました．

それに対して，超音波振動エンドミル加工では，工具の動き回りがなく，しっかりと文字溝を加工することができ，最終段の深さである$3\,\mathrm{mm}$まで到達し加工が終了しています．超音波振動切削による工具たわみ低減の効果が発揮

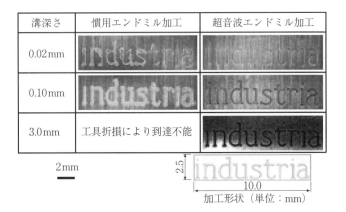

図4.36 文字形状深溝の加工例（工作物：NAK 55，工具回転数 $N=20\,000\,\mathrm{min}^{-1}$，工具半径$R=0.1\,\mathrm{mm}$，切削速度$v$＝約$12.6\,\mathrm{m/min}$，送り$p=200\,\mathrm{mm/min}$，切込み深さ$d=0.005\,\mathrm{mm}$）

4.3 超音波振動エンドミル加工

された加工事例です.

(2) 工具摩耗状態

前項と同様のボールエンドミルを用いてポケット形状を加工し,切削面の表面粗さの推移を調べた結果を図4.37に示します.その結果では,慣用エンドミル加工では,初期の表面粗さは超音波エンドミル加工の場合に比べて小さくなっています.しかしながら,表面粗さがほぼ一定となる定常状態を過ぎると,工具が摩耗して表面粗さが一気に悪化していることがわかります.

それに対して,超音波エンドミル加工では,実験の初期から最後まで,おおよそ一定の表面粗さが得られていることがわかります.すなわち,ボールエンドミルの場合,切削面を形成しているのは工具の先端付近による切削面ですが,この部位では,背分力方向振動切削機構が支配的です.この切削機構は,図3.18に示したように逃げ面による

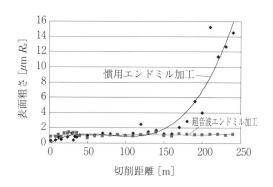

図4.37 超硬ボールエンドミルによる切削面表面粗さの変化(工具回転数 $N=40\,000\,\mathrm{min}^{-1}$,工具半径 $R=0.1\,\mathrm{mm}$,工具長 $l=3\,\mathrm{mm}$,切削速度 $v=$約 $25.1\,\mathrm{m/min}$,送り $p=100\,\mathrm{mm/min}$,ピッチ:$0.005\,\mathrm{mm}$,切込み深さ $d=0.005\,\mathrm{mm}$)

 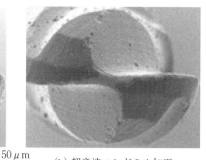

(a) 慣用エンドミル加工　　(b) 超音波エンドミル加工

図4.38 工具摩耗状況の比較(切削距離:240 m)

凹凸を切削面に形成するような切削機構であるため,その痕跡は切削面に残りますが,実験の初期から最後まで安定した切削がなされていることがわかります.

切削後の工具を電子顕微鏡で拡大観察した結果を図 4.38 に示します.その結果,超音波振動を与えた場合,工具センタウェブでの摩耗が低減し,反対に,切れ刃の逃げ面の摩耗が大きいことがわかります.すなわち,慣用エンドミル加工に比べ,センタウェブ付近では安定な切削が行われるが,外周にいくにつれて逃げ面のダメージが大きいことがわかります.

(3) 金型切削における効果の検証

最後に,金型形状として,プラスチック成形金型のコアの切削実験を行った結果を図 4.39 に示します.金型材質はプリハードン鋼で,硬さは 40 HRC(ロックウェル硬さ)です.使用工具は前項と同様で

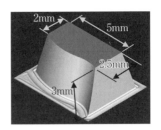

(a) 加工金型形状

① 慣用エンドミル加工　② 超音波エンドミル加工

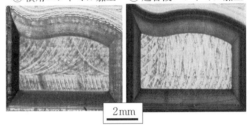

(b) 上面矢視

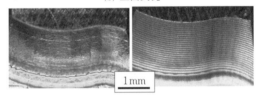

(c) 曲面側側面

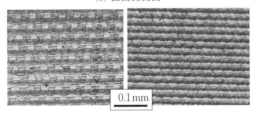

(d) 平面側側面拡大

(e) エッジ部 SEM 観察

図 4.39　超音波エンドミル加工による金型加工例

す．図 (a) は加工形状で，図 (b) は上面から観察した結果（上面は切削していない）ですが，超音波振動エンドミル加工により四つの側面がきれいに仕上がっていることがその光り具合からわかります．

図 (c) の曲面の外観，図 (d) の平面の切削ピッチの状態，および図 (e) の電子顕微鏡で観察したコーナの形成状態を見ても，慣用エンドミル加工では，工具が上すべりしていて切削痕が消滅してしまっているのに，超音波振動を与えることで，しっかりと切削できるようになることが切削痕の状態からわかります．

4.4　超音波振動ドリル加工

4.4.1　ドリル加工における軸方向超音波振動の効果
（1）切りくずの性状と切りくずの排出しやすさ

一般的に，ドリルとしては図 4.40 に示す「ねじれ刃ドリル（通称，ツイストドリル）」が使われています．このドリルは，二つの切れ刃と一つのチゼルエッジをもっています．

軸方向超音波振動を付加しない通常の穴あけの場合は，ドリルの回転と軸方向送りに伴って，ほぼ正（プラス）のすくい角をもつ切れ刃は比較的効率よく工作物を円すいらせん型 [図 4.41 (a)] の切りくずに変えていきます．円すい

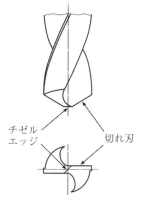

図 4.40　ねじれ刃ドリル（ツイストドリル）

(a) 超音波振動なし　　(b) 超音波振動あり

図 4.41　超音波振動の有無に対する切りくずの形状（円すいらせん型）の違い

らせん型になるのは，切れ刃の半径の小さい部分では切削速度が低いことと，すくい角が小さいため切りくずが厚くなることにより切りくずの流出速度が低くなること，および半径の大きい部分では切りくずの流出速度が高くなることに起因します．一方，負（マイナス）のすくい角をもつチゼルエッジは，切削効率が悪く，工作物を軸方向＋円周方向に押し込むと同時に半径方向外向きに押し出していきます．この押し出された部分は，切れ刃で生成された切りくずと一緒になって円すいらせん型の切りくずを形成します．

　超音波振動を付加した場合には，超音波振動片振幅と送りの半分の大きさの大小関係によって切りくずの形態が変わります．振幅が大きければ断片状の切りくずが生じ，送りが大きければ連続的な切りくずを生じます．ここでは，連続的な切りくずを生じる場合について考えてみましょう．

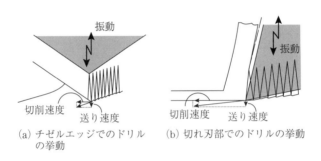

図 4.42　軸方向超音波振動穴あけにおけるドリルの挙動

　図 4.42 に示すように，切れ刃が軸方向の深さが増す向きへの振動時に工作物に切り込んで切りくずを生成するために，切れ刃の中心側と外側での切削速度差が減少し，しかもすくい角の差も小さくなるため，切りくずの流出速度差も減り，円すいらせん状切りくずの円すい角の大きさが減少します［図 4.41 (b)］．この形状変化とともに，切りくず流出方向に直角な断面積の減少は，ドリルの溝を通って排出する切りくずを排出しやすくします．また，軸方向超音波振動を付加すると，ドリル逃げ面と穴底の間，およびドリル溝面（すくい面）と切りくずの間に間欠的にすきまを生じ，そこに切削油や空気が浸入することにより摩擦が低下します．その結果，切りくず厚さが薄くなるとともに切削抵抗が減少します．図 4.43 に示すように，切りくずの各所において厚さが

4.4 超音波振動ドリル加工　123

減少していることがわかります．特に，チゼルエッジに近い部分で生成された切りくず[図 4.43 中の a 部]ほど厚さの減少が顕著です．送りが変わっても，その傾向に変わりはありません．この切りくずの厚さの減少

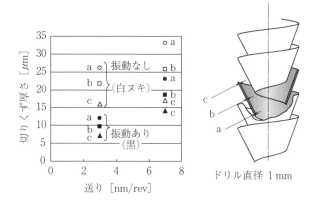

図 4.43　超音波振動と切りくず厚さ

は，切りくず全体として見たときに切りくずの流出速度の増加につながり，切りくずの排出を容易にします．その証拠として，超音波振動を付加しない場合，**図 4.44** (a) に示すように，穴が深くなるに従い，切りくずつまりに起因するトルクの上昇が見られるようになりますが，超音波振動を付加すると，図 (b) のようにトルクは低いままです．

以上をまとめると，超音波振動付加が切りくずの円すい角の減少および切り

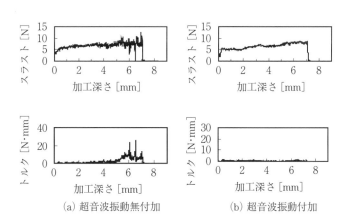

(a) 超音波振動無付加　　　(b) 超音波振動付加

図 4.44　超音波振動の有無と切削抵抗（ドリル直径：1 mm，ドリル回転数：3000 min^{-1}，送り：5 μm/rev，被削材：ジュラルミン）

124 第4章 超音波振動は生産現場のこんなところに —切削，研削，研磨加工—

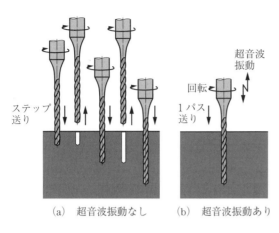

(a) 超音波振動なし　(b) 超音波振動あり

図4.45　超音波振動とステップ送り

くず流出速度の増加を引き起こし，切りくずを排出しやすくすることがわかります．直径に比べて穴の深さが深い（アスペクト比が大きい．アスペクト比＝穴の深さ／穴の直径）穴をあける場合，図4.45に示すように，通常，少しドリルを送っては戻して切りくずの排出を促すステップ送りを行うのですが，超音波振動を付加すると，ステップ送りが不要になるか，その回数を減らして加工時間を短縮することができます．

（2）ドリルの動的挙動と穴形状

ドリルを使って穴をあけるとき，ドリル，ドリルの保持具および主軸の剛性が低いと，ドリルの中心が定まらずに振れ回り（"歩行現象"とも呼ばれる），

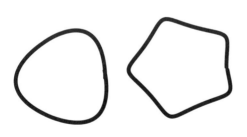

図4.46　ドリルの振れ回りにより穴に形成された三角形と五角形

図4.46に示すような丸みを帯びた三角形，五角形などの奇数角形を生じることがあります．この奇数角形は，穴が深くなるに従って少しずつ左回りにシフトしていきます．すなわち，位相が少しずつ遅れていき，深さ方向にらせん状のマーク（ライフリングマーク）を残します．実際に経験した人も多いことでしょう．この振れ回り振動は，再生びびり振動の一種であり，ドリルの切れ刃が半回転前に穴壁と穴底に残した切取り厚さの変化の影響（再生効果）を受けて持続する自励振動です[8]．これは，ドリル1回転に約2回，4回，…の振動となるため，ドリルの1回転が加わり穴には三

角形，五角形，…の形状が残るのです．

ドリルに軸方向超音波振動を付加すると，上で述べた再生効果が超音波振動による切取り厚さの変化によって乱されるため，この振れ回りを抑制し，穴形状は真円に近づきます[9),10]．これは，図4.47の穴底の写真からよくわかるでしょう．実は，ドリルが最初に工作物に接触するのはチゼルエッジであり，そ

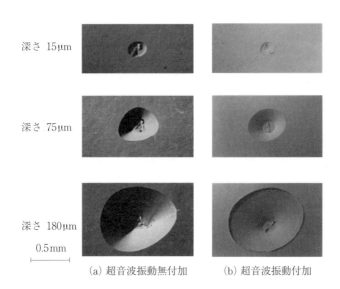

図4.47 ドリル加工中に穴底に残されたドリルの軌跡（ドリル直径：1 mm，被削材：ジュラルミン）

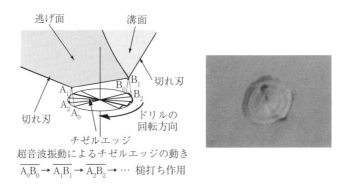

図4.48 超音波振動付加時のチゼルエッジの動き

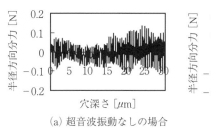 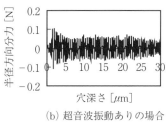

(a) 超音波振動なしの場合　　　(b) 超音波振動ありの場合

図4.49　半径方向分力の推移

のときの様子が図4.48に示されています．つまり，チゼルエッジは超音波振動により工作物に「のみ刃」の痕跡を残しながら回転し，振れ回りの原因となるチゼルエッジコーナを中心とした回転（これも振れ回りの一因と考えられて

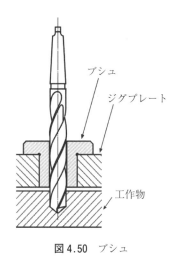

図4.50　ブシュ

います）を伴っていないことがわかるでしょう．つまり，穴あけの最初から振れ回りの原因が排除されているのがわかります．その証拠が，図4.49のドリルに作用する半径方向切削力の挙動からもわかります．超音波振動を付加しない場合は，ドリルに作用する切削力の平均値が絶えずふらついていることがわかるでしょう．それに対して，超音波振動を付加すると，そのふらつきが消えています．その結果として，穴形状とともに穴の拡大も抑制されて，穴入口の良好な品質が得られるのです．ブシュ（ドリルの案内をするためのジグ．図4.50）が使えない直径1mm以下のドリルの場合に超音波振動はきわめて有効に作用します．ブシュが使えない理由は，ブシュ内径公差がドリルの振れより大きくなるためです．

（3）傾斜面に穴をあける場合

傾斜面（ドリル軸に対して直角でない面）に穴をあけることが要求されることがあります．このような場合は，加工中にドリルは横方向（半径方向）の切削力を受けて折れやすくなります［図4.51(a)］．それを防ぐために，一般的

4.4 超音波振動ドリル加工　127

にはブシュを使って穴をあけるのですが，それが困難な場合，超音波振動が有効に作用します．

図4.52は，ステンレス鋼の45°の傾斜面に直径0.1 mmのドリルで穴あけをした例です[11]．超音波振動を付加しないときは，

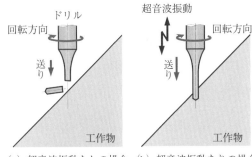

(a) 超音波振動なしの場合　(b) 超音波振動ありの場合

図4.51　超音波振動傾斜穴あけ

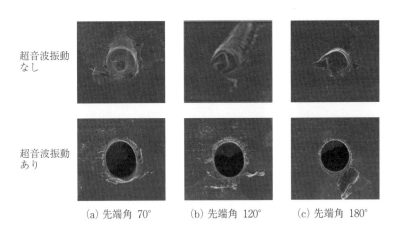

(a) 先端角 70°　(b) 先端角 120°　(c) 先端角 180°

図4.52　傾斜面への穴あけにおける穴入口の状態（ドリル直径：100 μm，被削材：ステンレス鋼，傾斜角：45°）[11]

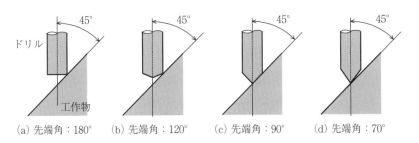

(a) 先端角：180°　(b) 先端角：120°　(c) 先端角：90°　(d) 先端角：70°

図4.53　傾斜穴加工とドリル先端角との関係

先端角を 70°，120°，180° と変えてもドリルが表面をすべって穴があきません．これに対して，超音波振動を付加すると，穴形状は多少楕円形になり，すべりが多少起こっていますが，穴をあけることができます．中でも，先端角 180°のドリルが最も楕円状のひずみが少ないことがわかります．先端角の違いは，図 4.53 に示すように，ドリルが最初に工作物に接触するドリル上の点，ならびにそのときの半径方向の切削抵抗の大きさの違いのために，ドリルの折損しやすさが異なってくるものと思われます．

（4）凝着性のある被削材への穴あけ

チタン合金やステンレス鋼など，工具と凝着しやすい被削材への穴あけに超音波振動を援用することは有効です．超硬合金ドリルに対して，より凝着性の高いチタン合金 Ti-6Al-4V への穴あけを例にとって説明しましょう．

直径 20 μm の微小径ドリルを使って超音波振動を付加せずに穴あけを行うと，1 個目の穴をあけた後のドリルの溝面と先端逃げ面には，図 4.54 に示すようにチタン合金がびっしりと付着します．このまま 2 個目の穴をあけることになりますが，工作物に接触するとき中心が定まらず，微小径ドリルは軸方向に対して横方向の荷重を受けて簡単に折れて

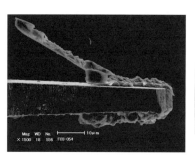

図 4.54 チタン合金の超音波振動無付加マイクロ穴あけで 1 穴加工後にドリル刃先に付着した切りくず

しまいます．つまり，このドリルによって 1 個しか穴があかないことになります．この条件で何度試みても 1 本のドリルで 1 個の穴しかあきません．ところが，ドリルに軸方向超音波振動を付加しながら穴あけを行うと，ドリルにはチタン合金の付着物はなく穴あけが 20〜30 個は可能になります．これは，超音波振動のために被削材とドリルの接触が間欠的となり，その間に空気や油が入り込むために，切りくずの凝着が起こりにくくなったためであると考えられます．

4.4.2 「軸方向」と「円周方向」超音波振動付加穴あけの違い

直径 0.01～6 mm のねじれ刃ドリルに軸方向振動またはねじり振動を付加して穴あけをするときの特性を比較してみます．

軸方向振動は，前に述べたいわゆる切込み方向振動に相当します．軸方向振動の場合，**図 4.55** (a) に示すように，ドリルが底面から離れるときドリルのすくい面 (溝面) は切りくずを引き上げ，切削抵抗 (特に，トルク) を減らすように作用します．底面に近づくときは，すくい面からわずかに離れます．その結果，切りくずの厚さが薄くなり加工抵抗が下がるのです．一方，ドリルの切れ刃もチゼルエッジも等しく軸方向に運動しますから，ドリルが工作物から離れるとき切れ刃の逃げ面側とチゼルエッジの間に片振幅の約 2 倍のすきまが生じ，そこに空気や油が入りやすくなります．そうすると，ドリルと工作物の間の摩擦は減少し凝着が避けられるので，加工抵抗が下がると考えられます．その反面，切れ刃の逃げ面と工作物およびチゼルエッジと工作物の間には衝突 (干渉) が起こり，加工抵抗が増すこともあり得ます．ただ，振動の周波数が高く，振動 1 周期に当たる時間の送りに相当する面積が干渉するわけですから，その面積は微小であると思われます．結果として，スラストもトルクも減少することになります．しかし，ドリル切れ刃には 1 秒間に数万回の軸方向衝撃荷重が作用しているわけで，切れ刃にチッピングや欠損が起こる可能性が

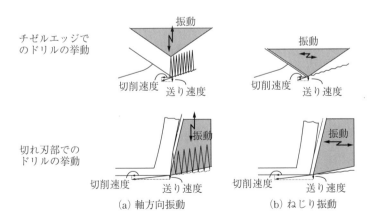

図 4.55 軸方向振動とねじり振動におけるドリルの挙動

ないとはいえません.

一方，ねじり振動はほぼ切削方向振動に相当します．ねじり振動の場合には，図4.56に示すように，チゼルエッジや中心部に近い切れ刃付近では，す

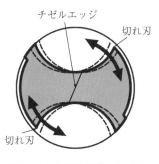

図4.56 ねじり振動における
ドリルの挙動

くい面と工作物のすきまが小さいのに対して半径が大きい切れ刃の部分ですきまが大きくなり，空気や油が入りやすくなります．ねじり振動の最大角度振幅において，すくい面と切りくずとの間に切削油や空気が入るすきまが確保されることが必要です．それは，直径の大きなドリルほどその効果は大きくなりますから，直径0.01～6 mmのドリルのうち，直径3～6 mmのドリルの場合に，ねじり振動の効果が大きいと思われます．逆にいうと，直径が0.01～3 mmのドリルの場合，軸方向振動の方が効果が大きいと考えられます．

4.4.3 超音波振動加工に適した小径ドリル，エンドミルおよび研削工具の保持具

小径のドリル，エンドミルおよび研削工具を保持するとき，工具に軸方向超音波振動が加わり，摩擦力が低下してすべりやすいので，工具シャンクをできるだけ広い面で包んでやることが必要です．また，保持具から工具への超音波振動が軸対称に伝わる必要があります．さもないと，工具が曲げ振動を発生する可能性があります．その意味で，図4.57に示す側方からのねじによる保持は接触面積が小さく保持力も小さいため，適していません．

これに対して，超音波振動加工用に用いられている保持具として「すり割りコレット」があります．図4.58に示す構造をもっていて，ジ

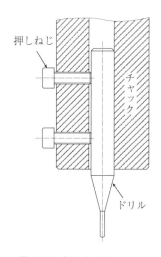

図4.57 押しねじチャック

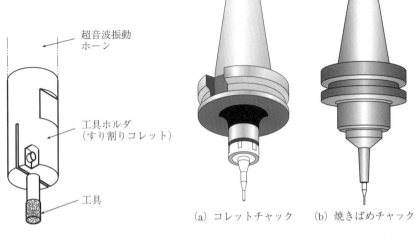

図 4.58　すり割りコレット　　図 4.59　コレットチャックと焼きばめチャック

ュラルミンなどでつくられています．中央の穴に工具シャンクを挿入し，軸に関して点対称に配置された 2 箇所のねじを締めてすり割り部分を弾性変形させて間隔を狭め，工具を締め付ける構造です．ただ，微小径工具の心合わせにやや難点があります．

そのほか，通常の回転工具の保持に用いられているいわゆるコレットチャックや焼きばめチャック（シュリンクチャック）があります（**図 4.59**）．これらの二つのチャックは，保持する面と保持される面との接触面積が広くて軸対称であり，超音波振動加工用回転工具の保持に適しているといえます．

4.4.4　ドリルやエンドミルの直径と超音波振動振幅・周波数との関係

ドリルやエンドミルの折損に対する強度，被削材の機械的性質，超音波振動が切削性能に及ぼす効果（送りや切込みと振幅との関係，回転数）などを考慮して，超音波振動の振幅や周波数を決める必要があります．軸方向振動の場合，およその推奨条件は以下のとおりです．

直径 0.01〜0.1 mm のドリル：超音波の周波数約 80 kHz，振幅 1 μm 以下

直径 0.1〜1 mm のドリル：超音波の周波数約 60 kHz，振幅約 1 μm

直径 1〜3 mm のドリル：超音波の周波数約 40 kHz，振幅 1〜3 μm

直径3〜6 mm のドリル：超音波の周波数約 20 kHz，振幅 5 μm 以下

直径が 3〜6 mm の領域になると，前に述べたように軸方向振動より円周方向振動（ねじり振動）が効果的かも知れません．それは，直径の増加によって，円周方向振動時にドリルやエンドミルと切りくずの間に空気や水が浸入するすきまが生じやすくなるためです．

このように，ドリル直径が小さい場合に振幅を小さくするのは，軸方向振動時の衝撃力を小さく抑えるためであり，一方では，周波数を上げて振動の効果を発揮させるためです．ドリル直径がやや大きくなると振幅を少し大きくしてもかまわないのですが，周波数はあまり高くできなくなります．供給パワーが一定のもとでは，振幅を増すと周波数は低くしなければなりません．また，工具直径が大きくなることにより振動する質量が増すので，より大きなパワーを供給する必要が出てきます．

4.5 超音波振動切断加工

4.5.1 ナイフ状カッタを用いた超音波切断

図 4.60 の左に示すような超音波カッタ[12]において，ナイフ状カッタを超音波振動子の先端にねじ止めして振動子を包んだ部分を手にもって，重なった紙，プラスチック（アクリル，ペット樹脂など），FRP（繊維強化樹脂：Fiber Reinforced Plastics），木材などを軽い力で切断することができます．超音波振動がないときに比べて，はるかに小さい力で切断が可能です．また，切断

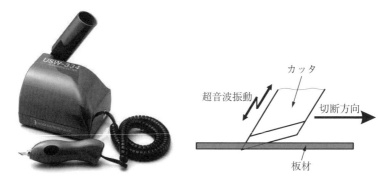

図 4.60　超音波カッタ（本多電子）と切断の状況[12]

面もきれいにカットできます.カッタの振動方向はほぼ縦方向で,3 mm 以下の厚さの板材を切断するときは工具の切断(送り)方向は板面に平行です.重なった紙を切断する場合は,工具の送りは紙の厚さ方向になります.

4.5.2 超音波包丁

超音波包丁は,図 4.61 に示すように,直刃または波刃の包丁に長手方向の超音波振動を加えながら柔らかい食材,たとえばロールケーキ,焼きたての食パン,柔らかい肉,魚の刺身,ハムなどを切り口の形を壊さずに切断できるものです.では,超音波包丁では,なぜこのようなことができるのか説明します.

魚屋さんが,刺身包丁で刺身をスーッと引切りして(手前に引きながらゆっくり押し下げて)いる様子を

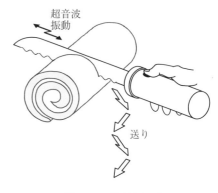

図 4.61 超音波包丁

見たことがあるでしょう.引切りすると,魚の形や切り口の身を壊さずにきれいな刺身ができあがります.その理由は,包丁の刃を鋭く研いでおく(刃物角を小さくするとともに刃先丸み半径を小さくしておく)ことは当然なのですが,同じ包丁を使う場合でも,図 4.62 (a) に示すように,① 単に包丁の刃を真っ直ぐに押し下げていく場合の包丁の刃直角刃物角 θ_n に比べて,引切りの

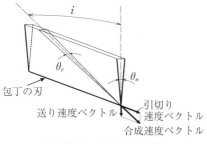

(a) 刃物角の変化

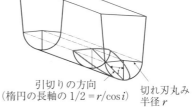

(b) 刃先丸み半径の変化(包丁の刃の部分を拡大)

図 4.62 引切りを行うときの刃物角および刃先丸み半径の変化

場合の有効刃物角 θ_e が小さくなることと，②引切りをすることにより，包丁の刃先丸み半径も小さくなるためです．では，刃物角と刃先丸み半径はどれくらい小さくなるでしょうか？　まず，引切りにより斜めに i の角度で包丁の引切りを行うと，幾何学的な関係から，次の式が成り立ちます．

$$\theta_e = 2\tan^{-1}[\tan(\theta_n/2) \times \cos i] \tag{4.2}$$

たとえば，刃直角刃物角 $\theta_n = 10°$，引切り角 $i = 60°$ と仮定すると，有効刃物角 $\theta_e ≒ 5°$ となり，直角に押し下げる場合に比べて半分程度の刃物角の包丁で切り進んでいることになります．また，包丁の刃直角刃先丸み半径 r_n，有効刃先丸み半径 r_e および引切り角 i の間の関係は，図 (b) を参考にすると，次式で表されることがわかります．

$$r_e = r_n \cos i \tag{4.3}$$

たとえば，包丁の刃直角刃先丸み半径 $r_n = 20~\mu m$，引切り角 $i = 60°$ と仮定すると，有効刃先丸み半径 $r_e ≒ 10~\mu m$ となり，包丁の刃半分程度の刃先丸み半径の鋭い刃で切っていることになります．

超音波包丁は，引切りと類似の現象を刃物の方向に高速往復運動をさせることにより刃物角や切れ刃丸み半径を小さくしていることに加え，包丁と食材の間の摩擦係数を極低速での比較的高い摩擦係数から高速での低い摩擦係数に変化させている効果も加味されて低い加工力となります．

4.5.3 超音波彫刻刀

皆さんは，彫刻刀で木版画やリノリウム版画を彫った経験があるでしょう．

図 4.63　超音波彫刻刀 (本多電子)[12]

木版画を製作するとき，版木としては朴の木や桜が使われることが多いですね．木には木目があるので，ある程度手に力を入れて彫っていくことが必要です．ただ，力を入れ過ぎると彫刻刀がすべって怪我をする危険性があります．そんなとき，超音波彫刻刀 (**図 4.63**)[12] を使うと，軽い力で版木を彫り進んでいくことができ，手や腕の疲れも少なくてすみ

ます．軽い力で彫れる理由は，小刻みに刃が進んで破壊の規模が小さくなるためと，静摩擦が動摩擦に変化して摩擦係数が下がるためと思われます．

ほかに，模型のプラスチックの加工にも使われているようです．また，先端の工具の部分をナイフ状の工具に代えると，4.5.1項で述べた厚紙やプラスチックの切断に使えるものになります．

4.5.4 超音波メス

超音波メスは，図4.64（外科手術用ハンドピース，特開平5-176938）[13]に示すような外科手術用の刃物で，20～40 kHzの周波数の超音波振動子で発生させた超音波振動を円筒状の振動ホーンにより拡大し，メスの先端に送って筋繊維の切断を容易にしたり，腫瘍などの生体組織を破壊する工具です．また，破壊した組織を吸引することができる装置もあります．白内障や脳腫瘍における破砕吸引に用いられています．

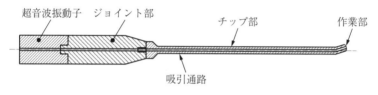

図4.64 超音波メス[13]

4.6 超音波振動砥粒加工

砥粒加工においては，以前から難削材の加工に超音波振動が適用されてきたようですが，論文や書籍などの出版物として残されたものは少なかったようです．初期の資料の中で研削に応用されたものとして，1956年の米国のColwell[14]の論文があります．この中で，軸受鋼試料に10～18 kHzの高周波振動を付加した超音波振動平面研削が試みられ，表面粗さの向上，研削温度の低下，熱き裂の発生減少などの可能性が示唆されています．また，遊離砥粒加工に応用されたものとしては，1961年にドイツのPahlitzschら[15]が発表した論文があり，その中で20 kHzの超音波振動を用いてB_4C砥粒でガラスの超音波加工を行い，いくつかの工具断面形状に対する除去速度，工具摩耗，加

工抵抗,温度上昇などの基礎的な資料を収集したと報告しています.

さて,超音波振動砥粒加工は,砥粒形態(遊離砥粒／固定砥粒),振動方向(砥石軸方向／半径方向),加工面の形状・方向によって,次のような方法に分けられます.

(1) 遊離砥粒を使った超音波振動研磨
① 超音波加工および超音波振動ラッピング
② 超音波振動ポリシング

(2) 固定砥粒(砥石)を使った超音波振動研削
① 砥石軸方向振動穴研削(むく穴加工)
② 砥石軸方向振動溝研削
③ 砥石軸方向振動内面研削
④ 砥石軸方向振動平面研削
⑤ 砥石半径方向振動切断研削
⑥ ワイヤ方向振動切断研削
⑦ 非回転砥石曲げ／ねじり振動ポケット研削

(3) 超音波振動ドレッシング

それでは,これから上で述べた種々の超音波振動砥粒加工について,その方法,加工機構および効果について説明します.

4.6.1 超音波加工(超音波遊離砥粒加工)と超音波振動ラッピング

超音波加工と超音波振動ラッピングは本質的には同じものです.すなわち,ラップと呼ばれる工具と工作物との間に硬い砥粒(および工作液)を入れ,工具と工作物の表面に平行な相対運動および工具に付加される超音波振動を砥粒に伝えて,砥粒の引っかき作用や転がり作用によって微小な切削を行い,加工を進めるものです.遊離砥粒としては,超音波振動の衝撃に耐える意味から,従来からラッピングに使われてきたB_4C(炭化ほう素:硬さ HV 3700,破壊靭性 3.5 MPa・$m^{1/2}$)や強靭なダイヤモンド(硬さ HV 11200 および破壊靭性 5.3 MPa・$m^{1/2}$)などが使われています.

歴史的には,先に述べたように,ドイツのPahlitzschら[15]がB_4C砥粒で脆性材料であるガラスの超音波加工を行い,いくつかの工具断面形状に対する

4.6 超音波振動砥粒加工

除去速度，工具摩耗，加工抵抗，温度上昇などの基礎的な資料を収集しています．同じ 1961 年に，当時のソビエトでは，工作物とラップの間に相対的に低周波振動を重畳させると，加工能率が向上して仕上げ面が平滑になることが報告されています．また，1965 年の W. Pentland ら[16] の論文があります．この中では，遊離砥粒 B_4C を用いて延性材料であるクロムモリブデン鋼（焼なまし，焼ならし，および油焼入れ）への超音波加工（穴あけ）を行い，その加工速度の違いを示しています．その結果，加工速度は工具の振幅の 2 乗に比例することや砥粒径を大きくすると加工速度が増すことを明らかにしています．

1970 年代になると，日本では，吉川ら[17] が GC 砥粒を用いた黄銅の円すい面の軸方向超音波振動ラッピングによって，ラップ量を増加させラップ抵抗を減少させることができると報告しています．また，隈部ら[18] も，旋盤や円筒研削盤における加工精度を左右するセンタ穴（炭素鋼，工具鋼）の低周波および低周波・超音波ねじり振動ラッピングを試み（図 4.65），短時間で高精度のセンタ穴が加工できること，ならびにこのセンタ穴を有するアーバに取り付けた工作物を超精密旋削加工できることを示しています．

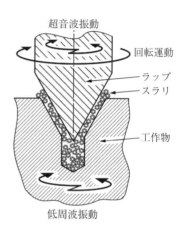

図 4.65 センタ穴の精密振動ラッピング[18]

4.6.2 超音波振動ポリシング

鈴木浩文ら[19] は，図 4.66 に示すような超音波振動子の先端に取り付けた微小なポリウレタンポリシャ（接触部直径 100 μm）に曲げ振動と軸方向振動を付加し，微小なガラ

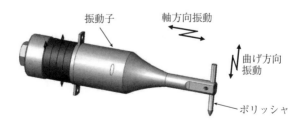

図 4.66 超音波振動ポリシング用振動子とポリシャ（鈴木浩文ら）[19]

スレンズ用超硬金型の研磨に適用しています．砥粒は直径 0.5 μm のダイヤモンドです．その結果，平面研磨実験では表面粗さ 5 nm の良好な研磨面が得られ，従来の円振動子より 10 倍以上の加工速度で研磨できることを示しています．

4.6.3 砥石軸方向振動穴研削（むく穴加工）

一般に，砥石（固定砥粒）および砥粒としては，結合力の高いメタルボンドの Ni-P 電着／無電解めっきダイヤモンド砥石，Ni-W 電着／無電解めっきダイヤモンド砥石，電鋳ダイヤモンド砥石などが使われています．電着は電気めっきの技術であり，電鋳は電気めっきを利用して型をつくる技術です．

シリコン，ガラス，セラミックスなどの脆性材料は硬くて脆いために，通常の研削などではなかなか工具が材料に食い付きにくく，研削できたとしても脆性材料特有の大きな破壊を伴ってしまうため，小径の穴を高品位で精度よく加工することは大変難しいのです．しかし，超音波振動研削を用いると比較的容易に精密穴あけができます．すなわち，図 4.67 に示す超音波振動主軸の先端に図 4.68 のような工具中心に給油のための穴をもつコアドリル（電着あるいは無電解めっきダイヤモンド工具）などを取り付け，軸方向超音波振動を加えながら軸方向に送ることによって，これらの脆性材料に穴をあけることができます．

穴径が 3 mm 程度より小さい場合は，工具中心に油穴を設けることが難

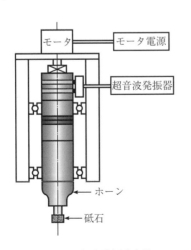

図 4.67 超音波振動主軸

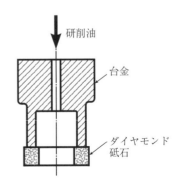

図 4.68 コアドリル

しいので，中実の工具にして加工箇所に外部から給油します〔図4.69(a)〕．穴径が3mm程度より大きいときは工具の中を通して給油し，切りくず排出や加工箇所の冷却を促進します〔図(b)〕．油としては，通常，水溶性の研削油を用いて行います．アスペクト比（＝穴深さ／穴直径）が大きい場合には，ステップ送り〔4.4.1（1）項参照〕をすることによって切りくずを穴の外に排出しながら穴加工を行うと，直径の数十倍の深さの穴さえ加工が可能になります．これは，超音波振動の付加により工具先端の油中ではキャビテーション（1.2.4項参照）が起こりやすく，切りくずが砥石に目づまりしにくくなり，つねに切れ刃が突出して良好な切れ味が保たれることと，ポンピング作用により切りくずが穴の外に排出されやすくなることによります．また，微細な振幅の超音波振動により被削材が細かく砕かれて微小破砕（小規模の破壊現象）により加工が進むため，生成される表面に残るダメージ（損傷＝クラックや欠け）が小さくなります．

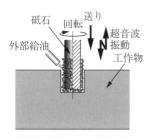 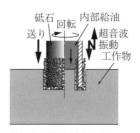 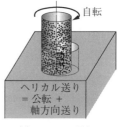

(a) 外部給油軸方向送り　(b) 内部給油軸方向送り　(c) ヘリカル送り

図4.69 穴加工

一方，超音波振動を付加しないと，切りくずが砥石表面に目づまりしやすくなり研削抵抗が大きくなって工具が折れて穴があかなかったり，穴の入口が欠けたり拡大しやすくなります．また，工具の振動モードが正確に軸方向に向いていないと，穴の入口で工具が振れて拡大穴となったり工具が折れたりします．

穴の直径が100 μm以下の微小なときやアスペクト比が大きい（穴径に比べて穴深さが大きい）ときは，図4.69(c)のヘリカル送りによる穴あけ〔工具が

自転と公転を行いながら穴軸方向にらせん状に進む穴あけ（ヘリカル補間）〕によって切りくずの排出空間を確保して排出を容易にし，工具折損や穴の品質劣化を防ぐことができます．この方法では，工具を軸方向に直線的に進める場合に比べて，少し加工時間が長くなります．

　脆性材料の超音波振動穴加工の機構について説明します．穴の底面と側面では，加工機構が異なります．穴の底面では，図 4.70 (a) に示すように，工具端面の突出し高さの異なる砥粒が軸方向超音波振動を伴って回転する際に，振幅の数分の 1 の加工深さで穴底を打撃して細かく破砕し，穴が生成されていきます．したがって，穴底面生成に関与する砥粒の突出し高さに対応した表面粗さの面が生成されると考えられます．一方，穴の側面では，工具のコーナ部（端面と円周面の交わり部）近傍の砥粒および側面の砥粒が穴側面の工作物を部分的に延性モード研削 (3.2.4 項および図 3.29 参照) の形で薄く削り取るため，比較的ダメージの少ない表面が生成されます．さらに，図 (b) に示すように，工具のコーナ部から外周面にかけての多くの砥粒の作用により，きわめて薄い切込みまたは摩擦により被削面が加工されるため，平滑化が進みます．

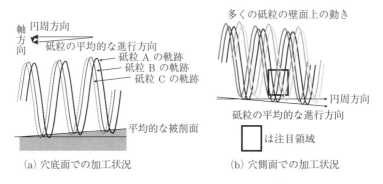

図 4.70　脆性材料の超音波振動穴加工の機構（展開図）

4.6.4　砥石軸方向振動溝研削

　図 4.71 に示すように，穴加工と同様の工具に軸方向超音波振動を加えながら軸直角方向に送ることによって，シリコン，ガラス，セラミックスなどの脆性材料に直線溝や曲線溝を加工することができます．超音波振動を付加しないと，研削抵抗が大きくなって工具が折れやすくなったり，溝が加工できたとし

ても溝の縁が大きく欠けたりします．図4.72 (a)[20]は，直径約110 μmの電着ダイヤモンド工具に超音波振動を付加せずに石英ガラスに深さ約100 μmの溝加工を行ったときの溝の縁が長さ約15 μmのチッピング（小さな欠け）を示しています．一方，超音波振動を付加すると，図 (b) のように，そのチッピングは2 μm以下の小さなものとなります．

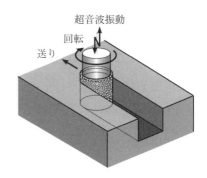

図 4.71 溝研削

次に，溝を加工するときの状況について考えてみましょう．溝の底面では，穴あけを行ったときと同様に，工具端面の突出し高さの異なる砥粒が振幅の数分の1の接触深さで溝底を打撃して細かく破砕し，溝が生成されていきます．したがって，溝底面生成に関与する砥粒の突出し高さに対応した表面粗さの面が生成されると考えられます．一方，溝の側面では，図 3.29 に示したように，超音波振動を付加することにより工具外周面の砥粒が軸方向に往復しながら溝側面の工作物を削り取るため，振動を付加しない場合に比べて数分の1〜数十分の1の切取り厚さ（切込み深さ）で削ることになります．これは，3.2.4項で述べたように，山を登るときに頂上を目指して真っ直ぐに登るよりジグザグに

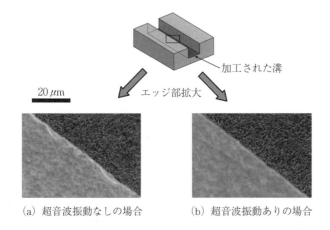

図 4.72　石英ガラスの溝研削における溝のエッジの品質[20]

登ると，その勾配が緩くなり楽に登れることに似ています．

このように，たとえばサブミクロン (1 μm 以下) の薄い切取り厚さで削ると，ガラスのような脆性材料も金属を削るときに出る連続的な切りくずを生成し，加工された面はダメージ (損傷) の少ない表面が生成されます．このような研削を「延性モード研削」といいます．ただし，この場合も穴加工の場合と同様，工具円周面の砥粒の突出し量がそろっていることが条件になります．

4.6.5　砥石軸方向振動平面研削

図 4.73 のように，カップ型砥石を用いて平面研削する際に，主に研削加工時の砥石表面の目づまり除去と研削抵抗の低減を目的として行われます．砥石軸方向に超音波振動が付加されますが，砥石作業面ではほぼカップ型砥石の形状に沿って振動します．かなり広い面積を研削することになるので，高トルクの強力な回転主軸と比較的低周波数の強力超音波振動主軸が必要です．

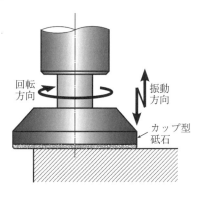

図 4.73　カップ型砥石による平面研削

4.6.6　砥石軸方向振動穴内面研削

様々な材料の直径の穴，特にアスペクト比 (＝穴深さ／穴直径) の大きい深穴を内面研削すると，砥石軸が細いことに加え研削工具 (砥石) の突出し長さが大きくなってたわみやすくなることや，砥石の目づまりが進行するために，図 4.74 (a) のように穴が先細の円すい状になりがちです．このようなときに砥石

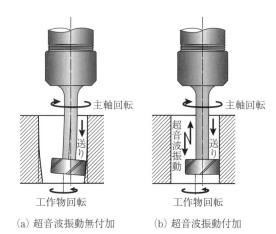

(a) 超音波振動無付加　(b) 超音波振動付加

図 4.74　深穴内面研削の状況

軸に軸方向の超音波振動を付加しながら研削すると，被削面に垂直な研削抵抗が下がり砥石軸のたわみが減って図(b)のように円筒度の高い穴が加工できるのです[21]．被削材は，延性材料，脆性材料のいずれでも可能です．

4.6.7　砥石半径方向振動切断研削

図4.75に示すように，主軸の軸方向超音波振動を薄い円板状砥石の半径方向振動に変換して研削します．この円板状砥石は，いわゆる切断砥石と呼ばれるもので，延性材料および脆性材料の切断に使われているものです．この加工では，工具，すなわち薄刃砥石の剛性が低いため，わずかな乱れによって砥石が側方（砥石軸方向）に振れ

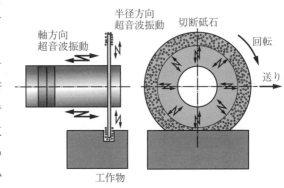

図4.75　薄い円板状砥石による切断研削

て切断誤差が生じることを抑えるためと，目づまりの抑制のために超音波振動を適用しています．典型的な例は，シリコンウェハのダイシング（回路がプリントされたシリコンウェハを個々のICやLSIに切り分ける加工）です．切断砥石の厚さは10 μm程度と極めて薄く，主に電鋳砥石が使われています．

4.6.8　非回転非円形砥石曲げ振動／ねじり振動ポケット研削

図4.76に示すように，非回転の非円形砥石に超音波曲げ振動または超音波軸方向＋ねじり振動によって，主にポケットの底面や隅部を加工する方法です[22]．回転砥石では，加工のできない三角や四角の隅部を加工することができます．砥石には，目づまりを起こしにくくするために縦横に溝を付けることも可能で

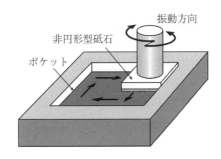

図4.76　非回転非円形砥石によるポケット研削[22]

す．砥石に少量の切込みを与えながら底面や隅部をくまなく研削するものです．未焼成のセラミックスやグラファイトなどの彫込みに使われています．

4.6.9 成形砥石を用いた面取り研削

シリコンウェハのように，硬くて脆く，しかも薄板の縁の部分はとても欠けやすいために，シリコンウェハを把持したり搬送するときに割れの原因になります．そこで，シリコンウェハの両面をCMP加工した後に，外周のエッジ部分を斜めに面取り(chamfering)するのです．その際，通常の研削による面取りに比べて工作物へのダメージが小さい超音波振動面取りを行うのです．

この加工は，図4.77に示すように，軸方向超音波振動主軸端の節点部に面取り用成形砥石を取り付け，砥石取付け部で軸方向振動を砥石の半径方向振動に変換して適用します．砥石作業面の目づまりが小さく摩耗も小さい状態での加工が可能になります．

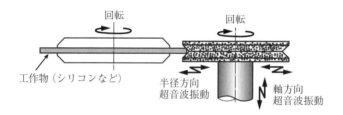

図4.77 脆性材料のエッジの面取り研削

4.6.10 超音波振動ドレッシング

図4.78に示すように，超硬合金平面ドレッサに超音波振動(周波数20 kHz，振幅30〜60 μm)を付加して乾式で(研削油剤を使わずに)ドレッシングすることによって，アルミナ砥石の切れ刃を微細に破壊し突出し高さを揃えることができます[23]．このドレッシングによって，アルミナ砥石はSCr430(クロム鋼)の表面粗さだけでなく，真円度や平面度などの形状精度の高い表面，すなわち精密鏡面研削を可能にすると報告されています．結果を要約しますと，超音波振動を加えない通常のダイヤドレッシングと比較して次のようになります．

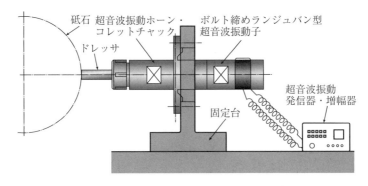

図 4.78 超音波振動ドレッシング装置の例（イメージ図）

（1）通常ドレッシングの場合より，超音波振動ドレッシングのほうが切れ刃数が増加します．

（2）超音波振動ドレッシングでは，平面衝突の繰返しにより多くの微細で一様な高さをもつ切れ刃となります．

（3）研削方向と直角な方向の仕上げ面粗さは，通常ドレッシングの場合（最大高さ粗さ $2.8\,\mu m$）より超音波振動ドレッシング（振幅 $30\,\mu m$）した砥石による仕上げ面（最大高さ粗さ $0.7\,\mu m$）のほうが良好でした．すなわち，後者では鏡面研削が可能になりました．

（4）振幅 $60\,\mu m$ より，振幅 $30\,\mu m$ で超音波振動ドレッシングをした砥石による研削面のほうが仕上げ面が良好でした．

また，cBN 砥石に対して超音波振動ドレッシングする装置を開発し，研削動力が減少すること，および表面粗さが改善されることが明らかにした研究もあります（**図 4.79**）[24]．

ほかに，超音波ドレッシングの研究としては，野々川ら[25]のものがあります．そこでは，砥石1回転当たりにドレッサが衝突する頻度を表す作用振動数（1/rev）およびドレス切込み量と振動振幅の比である振動振幅比に着目して超音波振動の影響を調べています．非溶融でつくられた微細な結晶構造をもった高純度アルミナ砥粒であるセラミックス砥粒砥石は，通常，研削の進行に伴い微細に破砕して自生発刃を行うのですが，その反面，高硬度で高靭性でドレッサの摩耗がやや多いとか，ドレッシングしにくいなどの問題があります．そ

(a) 超音波振動なしの場合　　　(b) 超音波振動ありの場合

図 4.79　超音波振動あり／なしにおける砥石作業面[24)]

こで，単石ダイヤモンドドレッサによる縦振動 33 kHz，振幅 2.5 μm p-p の超音波ドレッシングを試み，高炭素クロム軸受鋼 SUJ2 (HRC 62) を研削しています．その結果，研削時の消費電力が少ないことから超音波ドレッシングにより砥石の切れ味が向上していることを示し，目立て間寿命の研削量が 50 % 増加していることを示しています．

野々川らは，「この切れ味の向上は，セラミックス砥粒の切れ刃先端の微小破砕によって研削時の自生作用が適切に行われ，経時的な切れ刃の形状変化が小さいことを示唆している」と述べています．また，従来型の溶融アルミナ砥石の中で結合度の高いものについても超音波ドレッシングした後，機械構造用炭素鋼 S45C (HRB 98) の研削を行っています．超音波の付加によって表面粗さの変化にはほとんど影響がないものの，砥粒切れ刃が鋭利になり消費電力の減少やドレッサ摩耗の減少を確認しています．

4.7　放電加工に超音波振動を援用した加工

放電加工において，電極を超音波振動させて複合化を図る方法[26)] があります．これは，主として放電加工において生成された切りくずを超音波のキャビテーションによって排除することを目的としています．

4.7.1　放電加工と超音波加工の複合

玉村[27)] は，超硬合金工具および B_4C 砥粒を用いて SiC の超音波加工を行う際に，工具－工作物間に交流電圧をかけることにより SiC の放電面にクラックを発生させ，加工能率が向上することを示しています．これには，工具－工作

物間に起こる放電現象と超音波加工の複合以外の化学反応が寄与しているかも知れないとの見方もしています．

4.7.2 超音波振動放電ツルーイング

岩井ら[28]は，メタルボンドダイヤモンド砥石を銅電極を用いて油中で放電ツルーイングする際に，銅電極に超音波振動を付加して加工能率の向上を図っています．一般に，超音波振動の付加により砥石除去能率が数倍～数十倍に増大すること，結合度が低い砥石の場合と電極を正極（＋）にした場合にやや除去能率の増大が大きいこと，電極を正極（＋）にした場合に砥粒の突出しが良好なことなどを明らかにしています．導電性ビトリファイドボンドダイヤモンド砥石でも超音波振動の付加により砥石除去能率が増加することを示し，特に短パルス条件で除去能率の増加と電極消耗量の削減を明らかにしています．そのメカニズムについては触れていませんが，恐らく油中で起こるキャビテーションによる噴流が切りくずを排出しやすくしたためと考えられます．

4.7.3 超音波振動放電加工

二ノ宮ら[29]は，きわめて難加工なPCD（Polycrystalline Diamond：多結晶ダイヤモンド）を銅電極を用いて放電加工する際に（図4.80），特に縦方向の超音波振動を付加すると，加工能率の向上と顕著な電極消耗率の低減化を達成しています．この理由は，キャビテーションだけでなく，電極が超音波振動することにより，放電頻度が増加して安定的な放電加工が促進されるためとし

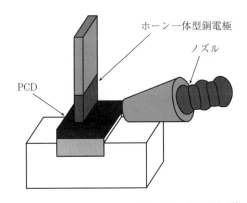

図4.80 PCDの超音波振動放電加工実験状況[29]

ています．そのほか，岩井ら[30]の研究もあります．

4.7.4 超音波振動援用放電研削

植松ら[31]は，2ほう化チタン（TiB_2，HV＝2700）やほう化物系セラミックスなどの導電性難加工材の超音波振動を援用した放電加工（超音波放電研削）

法を提案しています．カップ型メタルボンドダイヤモンド砥石を軸方向に超音波振動させながら，被加工材を正極，砥石を負極として加工を行っています．通常の研削では，加工開始から短時間で砥石の切れ味が低下して研削抵抗が急上昇するのですが，この研削法では研削抵抗は低く安定した状態が持続します．超音波放電研削では，超音波振動研削や放電研削よりも砥石の切れ味が持続し，軸方向研削抵抗の上昇が抑えられることを示しています．この理由は，上で述べたように，超音波のキャビテーションによって砥粒に付着した切りくずを吹き飛ばして排除する効果によるものと思われます．

4.7.5 加工液への超音波振動付与

これまで切削加工や砥粒加工において，工具などに超音波振動を適用する方法および効果を示してきました．この項では，加工液に超音波振動を付与する方法とその効果を説明します．

一つは，鈴木清らが開発したメガソニッククーラントを用いる方法[32]で，加工液流路中の噴射ノズルの背後に超音波振動子を設け，加工液に周波数が0.02～3 MHz の超音波振動を付与して加工箇所に注ぐものです．超音波の周波数が 0.1 MHz 以下ではキャビテーション効果，1 MHz 以上では加速度効果が強いとしています．これは，研削加工，穴加工，旋削加工などに適用されていますが，ガラスの研削ではホイール摩耗の抑制，研削抵抗の増加の抑制，焼付き防止，研削面性状の向上などに効果を発揮しています．

もう一つは，小川ら[33]による穴加工における加工液超音波振動法です．ステンレス鋼 SUS304 と Al 合金の穴あけにおいて，周波数 28 kHz の超音波振動ホーンを加工液中に浸漬することにより，切りくず凝着の減少，切りくず排出性の向上，ドリル寿命の延伸などを示しています．また，透明なアクリルの穴あけを高速ビデオカメラで観察し，加工中のドリル溝部や穴底部でキャビテーションの発生を確認し，それが切りくずの排出性の向上につながったとしています．

いずれも，工具や工作物に直接超音波振動を付加する場合よりエネルギーや効果はやや低いかと思いますが，加工液を用いるすべての加工に容易に低コストで適用できる点でメリットがあります．

参 考 文 献

1) 隈部淳一郎:「超音波振動切削による新しい工作機械」,日本機械学会誌,**67**,560 (1964) pp.85-92.
2) 神 雅彦・小日向 工・村川正夫:「傾斜超音波振動切削に関する研究(第1報)―各種形状の市販スローアウェイチップの適用可能な工具の開発―」,精密工学会誌,**67**,4 (2001) pp.618-622.
3) S. Yamada, M. Jin and M. Murakawa : "Finishing of Mold Corner by Ultrasonic-Vibration Planing Method", Trans. of NAMRI/SME, **30** (2002) pp.137-144.
4) H. Onikura et al. : "Generation Mechanism of Residual Stress on Surface Machined in Turning Assisted by Ultrasonic Vibration", Proc. of the euspen Int. Conf. ―Delft (2010) pp.265-268.
5) 菊池庄作・柳沢重夫:切削加工の理論と実際,共立出版 (1980).
6) 星 光一:金属切削 構成刃先について,丸善出版 (1960).
7) 鬼鞍宏猷 ほか:「超音波振動切削と耐食性との関係」,日本機械学会論文集(C編),**75**,757 (2009) pp.2394-2398.
8) 鬼鞍宏猷 ほか:「ドリルの振動の解析 ―下穴のある場合―」,精密機械,**51**,5 (1985) pp.1019-1024.
9) 鬼鞍宏猷 ほか:「超音波振動が小径穴の加工精度に及ぼす効果」,精密工学会誌,**62**,5 (1996) pp.676-680.
10) 鬼鞍宏猷 ほか:「超音波振動小径穴加工における切削機構」,精密工学会誌,**64**,11 (1998) pp.1633-1637.
11) 大西 修・鬼鞍宏猷:「傾斜面への微小径穴加工における超音波振動の効果」,精密工学会誌,**69**,9 (2003) pp.1337-1341.
12) 本多電子ホームページ:http://www.honda-el.co.jp/
13) 外科手術用ハンドピース,特開平 5-176938
14) L. V. Colwell : "The Effects of High-Frequency Vibrations in Grinding", Trans. of the ASME, **78** (1956) p.837.
15) G. Pahlitzsch und D. Blanck : "Entwicklungstendenzen beim Stoßläppen mit Ultraschallfrequenz Ultraschall-Bearbeitung", Werkstattstechnik, **51**, 11 (1961) p.575.
16) W. Pentland and J. A. Ektermanis : "Improving Ultrasonic Machining Rates ― Some Feasibility Studies", Trans. of the ASME, **87** (1965) p.39.
17) 吉川昌範 ほか:「円すい面の超音波振動ラッピング」,精密機械,**44**,6 (1978) p.666.
18) 隈部淳一郎 ほか:「センタ穴の精密振動ラッピング」,精密機械,**50**,10 (1984) p.1628.
19) 鈴木浩文 ほか:関東経済産業局戦略的基盤技術高度化支援事業「ガラス等の最先端材料用次世代超精密金型の高精度・高能率加工・計測システムの開発」(H 18.10.31~H 21.3.31).
20) H. Onikura et al. : "Application of Ni-W Electroplated Diamond Tools to Micro Machining of Various Materials", Proc. of the 7th euspen Int. Conf. ―Bremen― (2007) p.517.
21) 呉 勇波 ほか:「超音波振動を援用した小径内面の精密研削に関する研究 ― 超音波振動による研削抵抗低減のメカニズム ―」,砥粒加工学会誌,**49**,12 (2005) p.691.

22) 鈴木　清 ほか:「新素材の複雑形状加工」, 機械と工具, **36**, 12 (1992) p.34.
23) 原田政志:「超音波振動および低周波振動による砥石のドレッシングについて」, 精密機械, **34**, 3 (1968) p.166.
24) 幾瀬康史 ほか:「超音波ドレッシング装置の開発 ― 装置の試作とその有効性の検討 ―」, 精密工学会誌, 61, 7 (1995) p.986.
25) 野々川岳司 ほか:「研削砥石の超音波ドレッシング」, 砥粒加工学会誌, **40**, 4 (1996) p.192.
26) 木本康雄:電気・電子応用精密加工, オーム社 (1982).
27) 玉村謙太郎:「放電加工と超音波加工の複合によるセラミックスの加工」, 機械技術, **35**, 2 (1987) p.44.
28) 岩井　学 ほか:「超音波加振電極による導電性超砥粒砥石の放電ツルーイング」, 2012年度 砥粒加工学会 学術講演会講演論文集 (2012) p.28.
29) 二ノ宮進一 ほか:「超音波振動付加電極による PCD の高能率放電加工」, 2012年度 砥粒加工学会 学術講演会講演論文集 (2012) p.383.
30) 岩井　学 ほか:「PCD の超音波放電加工における振動モードの影響」, 2013年度 砥粒加工学会 学術講演会講演論文集 (2013) p.43.
31) 植松哲太郎 ほか:「マシニングセンタによるセラミックスの超音波複合研削」, 機械と工具, **33**, 7 (1989) p.94.
32) 鈴木　清 ほか:「メガソニッククーラント加工法の研究 第1報:メガソニッククーラント加工法の提案とガラス材の研削加工への適用」, 砥粒加工学会誌, **48**, 2 (2004) pp.96-101.
33) 小川　仁 ほか:「小径穴あけ加工における油剤のキャビテーション効果 (第1報) －工作液超音波振動法に関する研究」, 精密工学会誌, **72**, 5 (2006) pp.626-630.

第5章 超音波振動は生産現場のこんなところに ―塑性加工，その他―

5.1 はじめに

第4章では，超音波振動を応用した切削加工，研削加工および研磨加工に関して述べました．本章では，主に金属の塑性加工への応用に関して述べます．金属の塑性加工は，生産現場の中でも最も広い範囲を占め，その加工法は，実に多種多様にわたっています．その中のいくつかの加工法において，超音波振動の応用法が研究され，実際に活用されてきました．ここでは，その全体像，およびいくつかの代表的な応用事例と効果に関して述べることとします．

5.2 塑性加工への超音波の応用状況を俯瞰すると

金属の主な塑性加工法とそれに対する超音波振動の応用の状況を**表**5.1に整理し，いくつかの加工法を**図**5.1に示します．素材の製造法では，圧延，押出しあるいは鋳造（一般的には，鋳造は塑性加工の分野から独立して分類されます）では，実験室スケールで研究や実験がなされています．超音波振動により結晶組織が変化するなどの効果が得られています．ただし，これらの実際の加工は非常に大きなスケールですので，一般的な実用展開は困難であるといわれています．小さなスケールの特殊用途に限定されるでしょう．

線や管（あるいはパイプ）の引抜き加工では，古くから研究されてきた分野で，異形線の加工やパイプの引抜きの分野で一部実用されています．形状精度の向上や，引抜き効率の向上などの効果が得られています．

板材の成形は，塑性加工の中でも広い範囲を占め，加工法も多岐にわたります．板を切断する「せん断加工」，折り曲げる「曲げ加工」，カップ形状や部分的な膨らみを付ける「深絞り（図5.1 (c)）」，「しごき加工」，あるいは「張出し」などがあります．板材成形の分野も，古くから超音波振動の適用の効果に関し

表5.1 超音波の塑性加工などへの応用状況(一部は推定)

大分類	小分類	超音波の応用(主な利点)
素材製造	圧延	実験段階(荷重低減)
	押出し	実験段階(組織変化)
	鋳造	実験段階(結晶微細化)
線・管材加工	伸線	一部実用(断面減少率向上)
	伸管	一部実用(断面減少率向上)
	曲げ	実験段階(精度向上)
板材成形	深絞り,しごき	一部実用(加工性向上)
	張出し	一部実用(しわ防止)
	曲げ	一部実用(精度向上)
	せん断	一部実用(切り口面向上)
バルク材成形	鍛造	実験段階(荷重低減)
	コイニング	実験段階(転写性向上)
冶金的接合	融接(各種溶接)	実験段階(結晶微細化)
	超音波接合	産業化(ワイヤボンディング,端子接合,プラスチックウェルダ)
	ろう接	実験段階(均質化)
表面改質	キャビテーションピーニング	一部実用(圧縮残留応力付与)

て研究されてきました.これも歴史の長い分野です.一部の特殊な加工分野では,実用化されてきます.ただし,加工形態によって適用法が異なる分野でもあり,現在も種々のケースに関して検討が続けられています.

　ブロック材(バルク材)から形状をつくる「鍛造」の分野も,自動車部品の加工などで多く利用されている加工法です.鉄鋼材料を真っ赤になるまで熱して加工する「熱間鍛造」,そのまま加工する「冷間鍛造」などがあります.冷間精密鍛造では,切削加工に迫る加工精度を実現しています.鍛造加工への超音波振動の応用法も研究されています.一般的な鍛造加工への応用は,加工抵抗が非常に高いことから,ややハードルが高い技術となっています.微小な部分の

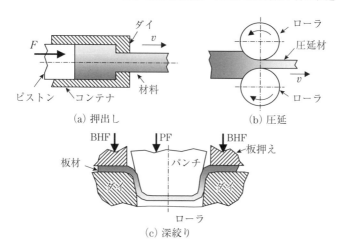

図 5.1 主な塑性加工法（F：押出し力，v：速度，BHF：板押え力，PF：パンチ力）

鍛造では，比較的ハードルが低く，実用的な開発も進められています．

金属の冶金的接合法（ボルト接合などは除く）にも様々な方法があり，融接（各種溶接法の総称），圧接およびろう接（はんだ付けなど）に大きく分類されます（後掲の図 5.38 も参照）．超音波振動を直接利用する接合法である「超音波接合」は，一つの産業分野となっています．自動車電気端子の接合，第 1 章の図 1.23 に示したような LSI の内部配線を行う専用機械であるワイヤボンダなどが代表的です．金属とは異なりますが，プラスチックの超音波接合機械であるプラスチックウェルダも一産業分野となっています．

5.3 超音波振動ダイによる金属線や管の製造

5.3.1 身近な金属線や管

街の中の電線，長い吊り橋のワイヤ，あるいは金属製のメッシュ（いわゆる金網です）など，私たちの周りには金属の線が様々なところで使われています．一方，金属管も，また家庭の水道管，自転車のフレーム，あるいは音楽に使う管楽器など，見えるところにも見えないところにも，実に多様に利用されています．

図 5.2 に，自動車のエンジン周りに利用されている金属管の例を示します．

図 5.2 自動車エンジン周りの配管の例〔(株)湯原製作所提供〕

意外かも知れませんが，自動車には非常に多くの金属管が使用されています．少し寄り道して紹介しておくと，まず，ガソリンの給油口から燃料タンクまで，あるいはエンジンからマフラや排気口までなど，燃料から排気に至る経路はすべて金属管で構成されます．次に，動力伝達系です．エンジンのカムシャフトやクランクシャフト，車輪に回転を伝える各種の動力ロッドも中空の金属棒です．さらに，運転席周辺を見回しても，ハンドル軸をはじめ，おおよそすべての丸い金属棒は中空です．最後に，最近では自動車の車体を支えるフレームも管になってきています．すなわち，管を自在に曲げたり，断面の形状を変えたりしながら，最近の微妙な曲線のボディラインデザインに合わせて自動車の車体をつくっていくのです．そこには，最新の材料技術から生まれた高強度鋼板（あるいはハイテン材）などと呼ばれる従来の鉄鋼材料の3倍以上もの強度をもつ材料が利用されています．重さは高強度鋼も従来の鉄鋼もほとんど変わりませんので，強度が3倍になった分，単純計算で管の肉厚を1/3に薄くできるというわけです．

なぜ，自動車に，このように多くの金属管が利用されるのでしょうか．燃料や排気系は，中に液体や気体を通さなければならないためであると理解できます．構造体や動力伝達部分に管が使われる理由は，すべて軽量化と高強度化のためです．すなわち，管は同じ重量の丸棒に比べて，計算上，曲げやねじりの力に対して強度が高いのです．すなわち，より軽くて丈夫な構造体をつくることにより，自動車の安全性と燃費を向上させることができます．自動車関連業界が日々技術開発を進めているのです．

5.3.2 金属線や管の製造方法

これらの金属線や管は，引抜きという方法で製造されます．すなわち，

図5.3(a)のイラストに示すように(実際は機械で行います),まず,金属線は材料製造所で製造された太い原線からスタートし,はじめに口付けと呼ばれる工程で先端部分を細くし,次に,ダイと呼ばれる線よりひと回り小さい穴のあいた工具に通し,先端部分を引っ張りながら線を無理やりダイに通過させながら細くしていきます.ダイの詳細を図(b)に示します.アプローチ部分(αの角度を有する部分)からベアリング(l_Bの直線部)へと線が通過し細くなっていきます.一度に細くしようとすると線が切れてしまいますので,順次,孔径の小さいダイに通しながら最終的に欲しい直径D_1の金属線を製造します.

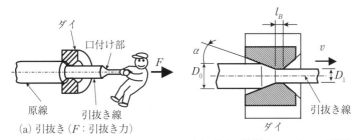

(a) 引抜き(F:引抜き力)

(b) ダイの詳細(α:アプローチ半角,l_B:ベアリング長さ,D_0:原線直径,D_1:引抜き後直径,v:引抜き速度)

図5.3 金属線の引抜きとダイの詳細

一方,管は,図5.4に示すように,外径は線の場合と同じようにダイを通しながら細くしていきますが,管の内面には,ドローバーに接続されたプラグやマンドレルと呼ばれる工具を挿入し直径

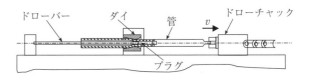

図5.4 金属管の製造方法(ドローベンチ方式)

をコントロールしていきます.すなわち,管の内面と外面とを同時に押さえながら直径と肉厚を小さくしていくわけです.これによって,必要な直径と肉厚の金属管を製造します.

このダイを用いた引抜き方法は,蒸気機関が発達する1800年代の産業革命

以前から，川の近くに工場を建て，水車の動力を利用して製造していたほど，長い歴史を有する技術です．現在でも，金属線や管を製造する方法として，効率よく精度の高い，なくてはならない製造方法です．しかしながら，最近では，従来の引抜き方法のみでは対応しにくい，加工することが難しい金属線の製造に関する要求が多くなってきています．

たとえば，直径が10μm以下といった極細の金属線，線の断面形状が丸以外の四角形や非対称形状などの異形状である金属線，衣類や歯科矯正などにも利用される形状記憶合金，タングステン，タンタル，マグネシウム合金，ニッケル基合金などの耐熱合金，あるいはチタン合金など，加工が非常に難しい金属の線などです．たとえば，私たちの歯並びの矯正治療に使用される金属線には，1辺が0.4mm以下のチタン-ニッケル系形状記憶合金の長方形断面線などが使用されています．

一方，管では，肉厚が0.1mm以下の極薄肉管，線と同様に異形状断面をもつ管，あるいは加工しにくい金属の管などです．たとえば，医薬品などを通す細い管には，管の中に不純物などが残らないように，顔が映るほどの鏡面に仕上げることが要求されています．

これらの最近の加工が難しい金属線や管の製造に対する要求を解決する一つの手段として，次に述べるような超音波振動を利用した引抜き技術が開発されてきました．

5.3.3 超音波振動を利用した金属線や管の引抜き方法
（1）超音波振動引抜き法の開発

超音波振動引抜き法が開発された当初の1960年代の実験データの一例[1]を図5.5に示します．ダイを超音波振動させる方法は，第2章で説明した縦振動するニッケル-磁歪型超音波振動子に超音波振動ホーンをはんだ付けし，その先端にダイを銀ろう付けして，その軸方向に振動させます．また，超音波振動ホーンには，線が通過できるように穴をあけておきます．超音波振動ホーンの振幅が最小である振動節の箇所を固定して，それに口付けされた原線を通し，先端をロールなどに引っ掛けて，ロールを回転させることにより引き抜くことができます．ダイとロール間の距離L_Fを線が共振するように設定します．

実験の結果では，各種の金属細線に対してダイに周波数20 kHzの超音波振

動を与えたときの引抜きに必要な力（引抜き力）を測定すると，どの金属においても，ダイ振動速度を増加させるほど引抜き力が低減してくることがわかります．この実験におけるダイ振動速度 v は，最大振動速度 $v = 2\pi a f$ を表しているので，$f = 20$ kHz 一定の条件では，振幅と同じ意味になります．この実験では，最大で慣用引抜き（超音波振動なしの場合）の

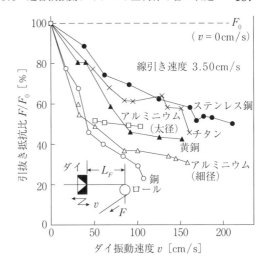

図 5.5 超音波引抜に関する初期の研究[1]

20％程度にまで引抜き力が低減するという結果となっています．

（2）各種の超音波振動引抜き方法

各種の線および管の超音波振動引抜き方法を **図 5.6** に示します．軸方向超

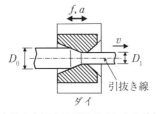

(a) 軸方向超音波振動ダイによる伸線

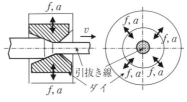

(b) 半径方向超音波振動ダイによる伸線

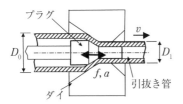

(c) 軸方向超音波振動プラグによる伸管

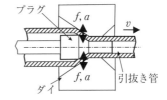

(d) 半径方向超音波振動プラグによる伸管

図 5.6 各種の超音波伸線および伸管方法（f：振動数，a：振幅，D_0：引抜き前直径，D_1：引抜き後直径，v：引抜き速度）

158　第5章　超音波振動は生産現場のこんなところに —塑性加工，その他—

音波振動引抜き法は，図 (a) に示すようにダイを軸方向に超音波振動させる方法で，比較的細線の引抜きに利用することが可能です．半径方向超音波振動引抜き法は，図 (b) に示すようにダイを軸対称に半径方向に超音波振動させる方法で，太径の線や管の引抜きに利用可能です．管の引抜きにおいてはプラグを超音波振動することが可能で，小径管の場合には，図 (c) のようにプラグを軸方向に超音波振動させる方法が利用でき，太径管の場合には，ダイを半径方向に軸対称に振動させることも可能です．

　ダイを軸方向に超音波振動させるためには，ステップホーンなどの振動ホーン先端にダイをろう付けで接着したり，ねじで締め付けることによって実現できます．一方，ダイを半径方向に超音波振動させる方法としては，**図 5.7** に示すような円環の呼吸振動モードを利用します．この振動モードは，図 (a) に示すように円環の直径が軸対称に拡大・縮小する振動モードです．縦ひずみと横ひずみとの連動で直径が大きくなったときに円環の厚みが減り，逆の場合に同厚みが拡大する変形をします（厚みと直径の収縮が同位相のモードもあります）．

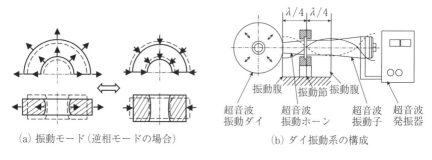

(a) 振動モード（逆相モードの場合）　　(b) ダイ振動系の構成

図 5.7　円環の呼吸振動モードを利用した超音波振動ダイの構成 (λ：波長)

　この金型の実際の製作例を 図 5.7 (b) に示します．振動を駆動するための超音波振動子は，振幅拡大ホーンを介して円環形状をしているダイの円周上の1箇所にねじで設置します．振動子が円環の円周上の1箇所で縦振動すると，図 5.7 (a) に示す円環の呼吸振動モードが励起するわけです．さて，ここで注意しなければならないのは，ダイは決して振動ホーンが向いている方向のみに

変位 (図の場合は左右方向) 振動するのではなく，あくまでダイの軸中心で軸対称に収縮・拡大する弾性振動をするということです．

(3) L-L 型振動変換体を用いた超音波振動ダイ

実用的な軸方向超音波振動ダイとして，図 5.8 に示すように L-L 型振動変換体という振動モードを利用した軸方向振動引抜き装置を紹介します．この L-L 型振動変換体は十字型の形状〔縦振動から縦振動に変換するので Longitudinal-Longitudinal (L-L) 型変換体と呼ぶ[2)]〕をしており，それぞれの辺の長

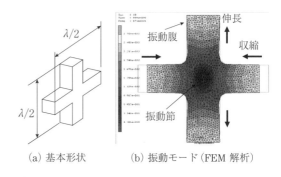

(a) 基本形状　　(b) 振動モード (FEM 解析)

図 5.8　L-L 型超音波振動変換体の形状と振動モード

さが 1/2 波長の振動モードで振動します．その様子は，図 (b) に示すように，一方が縮んだときに他方が伸びるといったように，お互いに逆位相で伸び縮みの振動をします (ただし，同位相でも駆動可能です)．

この振動モードは，縦振動の振動方向を 90°変換する装置として利用できま

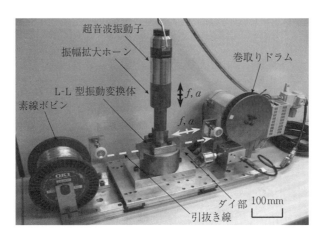

図 5.9　L-L 型振動変換体を利用した超音波振動引抜き装置の例

す．図5.9に実際の引抜き実験装置の例を示すように，超音波振動子および振幅拡大ホーンを縦方向に配列して，ダイはそれと直交する方向に締付けナットを利用してL-L型振動変換体の一つの端面に設置します．その振動ダイの後方に供給線のボビンを設置し，前方に回転駆動する巻取りドラムを設置することにより，超音波引抜きが可能となります．

(4) 2分割ダイによる横断方向の超音波振動の発生と引抜き方法

この引抜き方式では，図5.10に示すように，ダイを中心で二つに割った2分割型のダイを用います．それらのダイを向かい合う方向に互いに同位相で超音波振動させながら引き抜く方法です．この引抜き法は，丸い線から四角い線を製造する方法として利用されています．分割されたそれぞれのダイを線に向かう方向に超音波振動させながら丸から四角断面を成形していきます．従来の引抜き方法では，線が断線しないように数段階に分けて徐々に丸から四角断面に成形する

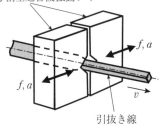

図5.10 2分割型ダイによる横断方向超音波振動引抜き方法

方法が一般的でした．それに対して，超音波振動を利用することにより1段の引抜きのみで丸から四角断面に成形できるようになりました．その理由は，図5.11に示すように引抜き力を大きく低減させることができるからです．この引抜き抵抗低減効果は，遅い引抜き速度において顕著になってきます．これは，第3章で解説したように，超音波振動切削の技術と同様に，加工力低減効果が加工速

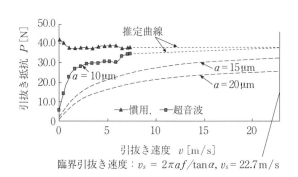

臨界引抜き速度：$v_s = 2\pi af/\tan\alpha$, $v_s = 22.7\,\mathrm{m/s}$

図5.11 横断方向超音波振動引抜きにおける引抜き速度と引抜き抵抗との関係（振動数 $f = 38\,\mathrm{kHz}$，ダイ半角 $\alpha = 6°$）

度に依存しているためです．

四角線引抜きにおいて，線の断面形状を観察した結果の例を**図 5.12** に示します．超音波振動を与えない従来の引抜き法では，何度か繰り返し引抜きを行っても角部の丸みを小さくすることができません．それに対して，超音波振動を与えることにより，引抜き回数を重ねるほど(この場合は2段のみ)角部の丸みが小さくなっていき，最終的に，角部の丸みが，図 (b) に示すような線の断面寸法の 1/10 以下の大きさとなり，その製品の規格に合格しました．

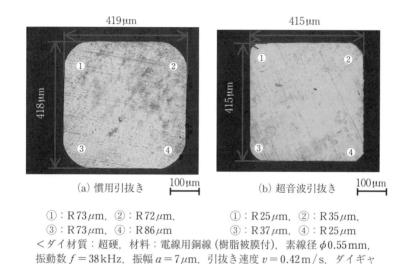

(a) 慣用引抜き　　　　　　　(b) 超音波引抜き

①：R73 μm，②：R72 μm，　①：R25 μm，②：R35 μm，
③：R73 μm，④：R86 μm　　③：R37 μm，④：R25 μm
＜ダイ材質：超硬，材料：電線用銅線 (樹脂被膜付)，素線径 $\phi 0.55$ mm，振動数 $f = 38$ kHz，振幅 $a = 7$ μm，引抜き速度 $v = 0.42$ m/s，ダイギャップ $B = 40$ μm，リダクション 26%＞

図 5.12　四角線引抜きにおける断面形状例

(5) 超音波振動引抜き機構

これまで，線や管を引き抜く方向と同方向に超音波振動させる軸方向超音波振動引抜き法とダイ軸対称に中心に向かう方向に超音波振動させる半径方向超音波振動引抜き法，およびこの特殊形である2分割ダイを用いた横断方向超音波振動引抜き法の3種類について説明してきました．

超音波振動引抜きにおける引抜き機構をまとめておきます．**図 5.13** は，横軸に時間経過をとり，縦軸に超音波振動によるダイの位置を示したものです．慣用引抜き (これを Conventional Drawing：CD と略記しています) におい

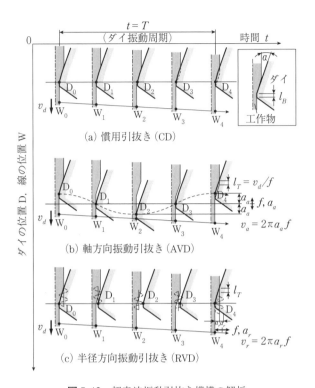

図5.13 超音波振動引抜き機構の解析

ては，ダイの位置 $D_0 \sim D_4$ は変化せず，線 $W_0 \sim W_4$ は一定の速度 v_d でダイを通過し線径が減少していきます．それに対して，軸方向超音波振動引抜き法（これを Axial-Ultrasonic Vibration Drawing：AVD と略記しています）では，ダイが引抜き方向と反対方向に移動したとき（$D_4 \to D_0$）に，加工が行われます．加工長さは式（3.5）に示した切削の場合と同様に，$l_T = v_d/f$ で計算することができます．また，これも切削の場合と同様に，引抜き速度 v_d と引抜き速度の比が，$v_d = v_a$（引抜き速度＝最大振動速度）となるときに断続引抜きの効果が消滅します．その効果が消滅するときの臨界引抜き速度は，式（3.1）と同様，$v_{dc} = 2\pi a_a f$ で表されます．

　一方，半径方向超音波振動引抜き法（これを Radial-Ultrasonic Vibration Drawing：RVD と略記しています）では，ダイが図の上下であるダイ径が開

いたり閉じたりする方向に振動し，AVDと同様に断続引抜きの機構となります．このとき，RVDのAVDと異なる特徴は，前者ではダイのl_B部（ベアリング長さ部）にすきまが開くことです．ベアリング長さ部とは，ダイの平行部の長さのことで，引抜き線の寸法精度を一定に保ったり，引抜きの潤滑性や引抜き力を支配する重要な箇所です．ここにすきまができるということは，寸法精度，潤滑特性あるいは引抜き力に大きな効果を与えます．

半径方向超音波振動引抜きRVDにおける臨界引抜き速度は，次式で表されます．

$$v_{dc} = \frac{2\pi a_r f}{\tan \alpha} \tag{5.1}$$

ここで，αはダイの半角であり，一般的には$\alpha = 6°$前後をとります．そうすると，分母の$\tan \alpha$は0.105前後となりますので，RVDにおける臨界引抜き速度はAVDの10倍の大きな値となります．このことは，引抜き効率が10倍に向上することを意味しますので，この半径方向超音波振動引抜き法の効果はきわめて大きいといえます．

（6）超音波振動プラグによるステンレス鋼薄肉管の引抜き

超音波振動を金属管の引抜きに応用した例として，ステンレス鋼の薄肉管に対する適用例を紹介しておきます．引抜き装置には，最大引抜き長さ7mのドローベンチ（図5.4参照）を用い，超音波発生装置には周波数21kHz仕様の装置を用いました．管の内部に挿入する工具であるプラグ振動系を**図5.14**

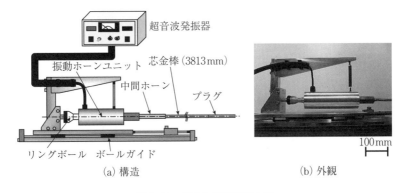

図5.14 超音波伸管装置の例

に示します．超音波振動のプラグへの付加方法は，芯金棒（ドローバー）の後端に超音波振動子および振幅拡大用のホーン（振動ホーンユニット内に格納）を設置し，芯金棒を通じてプラグに作用させる方式です．引抜き素管には，引抜き中の切断やびびり振動が発生しやすく，難引抜き材である SUS316 の薄肉管を用いました．リダクションは 26〜55％ の範囲としました．管の内面の潤滑剤には潤滑性の良い厚いタイプ，および洗浄性の良い薄いタイプの 2 種類を用いています．

　主な引抜き実験結果を **表 5.2** に示します．実験 No.1 および No.2 は慣用引抜きですが，この場合では，リダクション（加工後断面積／加工前断面積）R = 30.6％（厚タイプ内面潤滑剤）が引抜き可能限界となっています．次に，実験 No.3〜5 の超音波引抜きを実施した結果では，R = 54.8（厚タイプ内面潤滑剤）および R = 51.7（薄タイプ内面潤滑剤）まで引き抜くことができました．すなわち，超音波引抜きにより引抜き限界が大幅に向上することがわかりました．ただし，この実験では，超音波引抜きにおいては，数回の引抜によりプラグの超硬部のろう付けが外れてしまうという問題がありました．その原因は，ろう付け部が振動応力に対して弱いためです．プラグへの超硬部の取付けに関しては，その後の研究により，ねじ止め方式が用いられています．

表 5.2 ステンレス薄肉管の引抜き実験結果

No.	素管径	引抜き後の肉厚 R	内面潤滑	超音波	引抜きの可否
1	10.0 mm	0.15 mm, 30.6％	厚	無	OK
2	10.0 mm	0.15 mm, 30.6％	薄	無	NG
3	10.0 mm	0.15 mm, 30.6％	薄	有	OK
4	10.0 mm	0.10 mm, 54.8％	薄	有	NG
5	10.0 mm	0.10 mm, 54.8％	厚	有	OK

＜素管：SUS316，約 2.5 m，ϕ10.0 mm，t = 0.2 mm，プラグ ϕ9.0 mm，超硬合金，f = 20.7 kHz，a = 約 5 μm (0-p)，v = 3.0 m/min＞

5.4 超音波振動による線の曲げ加工

5.4.1 コイルばねの製造方法[3]

曲げ加工に超音波振動を応用する例として，線を連続的に曲げて製造されるコイルばねの製造に応用した例を紹介します．コイルばねは，単なる構造材ではなく，動きを伴う機能性の機械部品として歴史が古く，現在でも多種多様な用途に利用されています．特に，高機能が要求されるものとしては，図 5.15 に示すように，自動車エンジンの吸排気弁開閉用ばねやクラッチ接続用のばねなどがあり，これには，きわめて高い精度と耐久性が要求されます．一方，小型電子機器のスイッチ類などには，直径が 0.5 mm 以下の極細径ばねが利用されています．

コイルばねの製造法を図 5.16 に示します．これには，コイリング（線からコイルをつくること）機械という専用機械が用いられます．線材は，フィードローラにより連続的に供給され，それを第 1 および第 2 コイリングピンの先端にぶつけて連続的に曲げ変形させ線を丸めていきます．丸められた線は，ピッチツールにより前方に引き上げられコイルのピッチが決まります．最後に，カットツールにより切り落とされ，コイルばねの形状ができ上がりま

図 5.15 各種自動車用コイルスプリング [村田発條 (株) 提供]

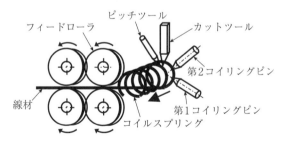

図 5.16 コイルばね製造法

す．この後に，両端面の研削仕上げ，熱処理およびショットピーニングなどの表面処理が施されて，コイルばねが完成します．

このコイリングにおいて，コイリングピンによる線の丸め方が，ばねの品質に大きな影響を与える重要な工程であり，ピン材質，先端形状あるいはピンと線材との摩擦係数が，ばね加工精度を左右するといわれています．超音波振動は，このコイリングピンに与えることになります．すなわち，超音波振動による断続的加工が線の塑性変形能向上やピンと線材との摩擦係数低減に対して効果を及ぼすことが期待されるわけです．

5.4.2 超音波振動コイリング法の原理

超音波コイリング法の加工原理を図5.17に示します．線材は，図5.16と同様に4本のフィードローラによりガイドを通じて送られてきます．超音波コイリングでは，第1および第2コイリングピンにピン軸方向の超音波振動を付与することにしました．その効果は，超音波領域の周波数fでの断続曲げ変形抵抗が作用することにより，線の曲げ方向の固有振動数f_nが$f_n \ll f$の関係になることにより，動力学的に時間平均曲げ加工抵抗が大きく低減すること，およびピンと線との摩擦係数が大きく低減することなどが期待できます．この効果によって，コイリング精度の向上や難加工性線のコイリング特性向上，あるいは微細径コイルばねのマイクロコイリングの実現などが期待できます．

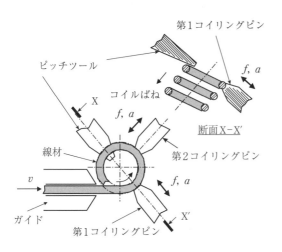

図5.17 超音波コイリング法の原理（f：振動数，a：振幅，v：コイリング速度）

5.4.3 超音波コイリング装置および加工条件の例

超音波コイリング実験装置を図5.18に示します．この装置では，既存のコ

5.4 超音波振動による線の曲げ加工

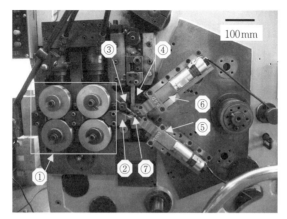

①：フィードローラ，②：ガイド，③：ピッチツール，
④：カットツール，⑤：第1コイリングピン，⑥：第2
コイリングピン，⑦：成形中のコイルばね

図 5.18 超音波コイリング装置

イリング機械に新たに開発した超音波振動コイリングピンユニット（⑤，⑥）が設置されています．コイリングピンユニットは，超音波振動子によりピン軸方向に，振動数 $f=19.5\,\mathrm{kHz}$，最大振幅 $a=8\,\mu\mathrm{m}$ で超音波振動します．ピンは超硬合金製であり，摩耗した際にねじで交換可能となっています．カットツール④は，コイリングされたコイルばねを切断するために用いられます．

コイルばねの超音波コイリング加工条件の例を **表 5.3** に，および製作したコイルばねの形状を **図 5.19** に示します．コイルばねの線径は1.0 mmであり，外径 D_0 が8.0 mmおよび9.6 mmの2種類のコイルばねを製作しています．

表 5.3 コイルばね加工条件例

線材料	弁ばね用オイルテンパ線：SWOSC-V
線径 d	1.0 mm
コイル平均径 D	7.0 mm ($D/d=7$)，8.6 mm ($D/d=8.6$)
コイル外径 D_o	8.0 mm, 9.6 mm
コイル自由長 H	38.0 mm, 43.0 mm
総巻数 N	12
コイリング速度 v	37.7 個/min
振動数 f	19.5 kHz
振幅 a(0-p)	0〜8 μm

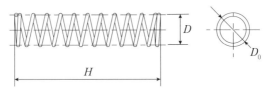

図 5.19 コイルばねの形状

5.4.4 超音波コイリングの効果例
(1) コイリング抵抗

コイリング抵抗を測定した事例に関して紹介します．図 5.18 に示した第 1 コイリングピンユニット ⑤ の超音波振動ホーンを中間付近より切断し，その部位に 3 軸ロードセルを取り付けることによってコイリング（ピン）抵抗の測定を行っています．超音波振動は，第 2 コイリングピンのみに与えています．

コイリング抵抗を測定した結果を **図 5.20** に示します[4]．図中の波形 x は線の移動方向を，同 y はそれと直交方向を，同 z はコイリングピン軸方向の抵抗をそれぞれ示しています．その結果では，z 方向の抵抗が最も大きくなっていますが，超音波振動を付加することにより，コイリング開始および終了時のコイリング抵抗，コイリング中のコイリング抵抗の変動，および平均コイリング抵抗が低減する現象が計測されています．すなわち，超音波振動により，コイリング開始時に線が動き出すときのピンと線との最大静止摩擦が低減してい

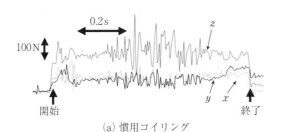

図 5.20 コイリング抵抗波形の測定結果 (SWOSC-V, $d=1.0\,\mathrm{mm}$, $D=8.0\,\mathrm{mm}$, $v=37.5$ 個/min, $f=19.5\,\mathrm{kHz}$, $a=2\,\mu\mathrm{m}$) [4]

ること，および線が移動中の線とピンとの動摩擦が安定化して，かつ低減することが実現できていることがわかります．この線は，コイリング精度を向上させることに寄与するものと推測されます．

(2) コイリング精度の評価

第1および第2コイリングピンに対する超音波振動の振幅を変化 [0〜80%，ここでは100%が10 μm (0-p) に相当] させてコイリングを行い，図5.19に示す成形されたコイルばねの自由長 H および外径 D を計測しました．このとき，ばね自由長はハイトゲージで測定し，外径はディジタルノギスにて測定しました．サンプル数は，各水準につき50個としました．

第1および第2コイリングピンの超音波振動の振幅とコイルばねの自由長および外径のばらつきとの相関を調べた中で，自由長に関する調査結果を**図5.21**に示します．コイリングピンユニットに超音波振動を付加することにより，コイルばね自由長の寸法精度(外径のばらつきの傾向も同様でした)のばらつきを低減できることが確認されています．すなわち，第1および第2コイリングピンに超音波振動を与えない場合の自由長のばらつき 3σ (σ は標準偏差) は1.1〜1.2mmでしたが，

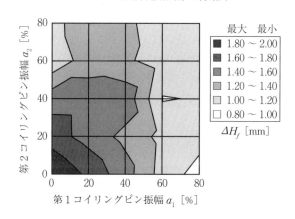

図5.21 振動の振幅に対するコイルばね自由長のばらつき

超音波振動の振幅80%時においては，0.7〜0.8mmに低減しています．

5.5 超音波振動による管の曲げ加工

5.5.1 管の曲げ加工への技術的要求

自動車のエンジン周りに使用される各種金属管は，図5.2に示したように複雑に曲げ加工が施されます．このような配管部品は，一般的にエンジンなどの

主となる構造物のすきまをぬって配置されることが多くなります．設計者の間では，「ぶらぶら物」とも呼ばれています．これらは，設計の最後に配置されることが多く，ともすると十分な検討がなされないこともあり，重大な事故につながりやすい機械のアキレス腱でもあります．

さて，構造物のすきまをぬって配管するとなると，複雑に曲げ加工を施す必要があります．さらには，流体の漏れがあってはいけないし，組立て時には誤差なくカチッと組み付けられなければならないなど，加工精度もシビアです．近年では，機械の小型化や軽量化に伴い，さらに小径化，薄肉化，曲げ形状の複雑化や曲率半径の極小化，ステンレス鋼やチタン合金などの難加工材の利用など，加工に対する要求がますます高度化してきています．

一般的に，管の曲げ加工においては，引き曲げや押し曲げ加工法が多く用いられます．通常は，NCベンダと呼ばれる機械を用いて位置と角度を制御しながら自動で管を金型で支持して曲げていきます．しかしながら，曲げ加工の高度化の要求に対して，曲げ位置精度，曲げ角度や曲率半径の極小化限界，あるいは薄肉や扁平など，加工精度のばらつきや加工限界の問題点があり，有効な対応法が模索されている技術でもあります．

その問題点に対し，引き曲げ加工に超音波振動を応用する方法が検討されました．すなわち，管の曲げ加工においても，超音波振動エネルギーを利用することにより上記の問題点解決に役立つものと期待されるわけです．

5.5.2 曲げ加工に対する超音波振動の効果

超音波振動を利用した管の引き曲げ加工方法を **図5.22** に示します．管の一端をチャックで支持し，それにマンドレル(支持棒)に固定されたプラグを挿入します．管の他端をダイとクランプで把持し，プラグを軸方向に振動数 f および振幅 a で超音波振動させ，軸引張り力 P を作用させながら右回りの曲げ加工を行う方法となります．プラグの超音波振動が，管引き曲げ加工に与える効果は，次のようになるものと解析できます．

この引き曲げ加工においては，プラグを支持するマンドレルは，加工する管の内径以下でなければならないため，プラグのたわみ方向の支持剛性が全体の中で最も低くなると考えられます．そのため，マンドレルは，管の弾塑性変

形と管内面とプラグ間の摩擦とにより動的に変動する引き曲げ加工抵抗を受け，軸方向とたわみ方向に動的変位を生じるものと考えられます．この動的変位に対し，マンドレルのたわみ方向の固有振動数 ω_n に対し十分に高い振動数である超音波振動 ω を作用させることによって，$\omega/\omega_n > 1$ の条件が十分に満足され，動的変位が0に近づくものと解析することができます．

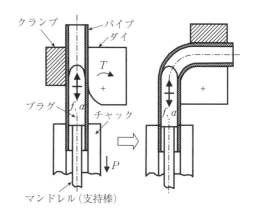

図 5.22 超音波振動引張り曲げ加工法の原理（f：振動数，a：振幅，T：曲げトルク，P：軸引張荷重）

5.5.3 曲げ加工プラグ超音波振動系およびパイプベンダ[4]

曲げ加工用の超音波振動プラグ振動系を 図 5.23 に示します．周波数は，高い振動エネルギーおよび最大 $a = 10\mu m$ (0-p) 程度の振幅を得ることを目的として $f = 20 kHz$ としています．振動駆動源には，市販の電歪型振動子 (BLT) を利用し，そ

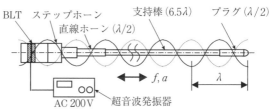

図 5.23 超音波振動プラグの構成

れぞれ半波長 $\lambda/2$ の長さの振幅拡大用のステップホーンと中間の直線ホーン，および 6.5λ の長さのマンドレル (支持棒)，およびプラグをねじで連結して構成しています．振動系全体は 7.5λ で共振することになります．

超音波振動プラグを搭載した引き曲げ加工装置 (パイプベンダ) を 図 5.24 に示します．この装置は，先のプラグ超音波振動系を既存の NC パイプベンダに設置して構築しています．プラグ超音波振動系全体を支持し，それを前後に駆動させる油圧シリンダ ① に超音波振動子ケース ⑨ を連結させています．

172　第5章　超音波振動は生産現場のこんなところに —塑性加工，その他—

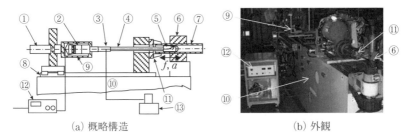

(a) 概略構造　　　　　　　　　　(b) 外観

①：油圧シリンダ，②：超音波振動子 (BLT)，③：ステップホーン，④：支持棒，⑤：プラグ，⑥：ダイ，⑦：金属管 (加工物)，⑧：リニアガイド，⑨：振動子ケース，⑩：NCパイプベンダ，⑪：チャック，⑫：超音波発振器AC200V，⑬：オイルミストポンプ

図5.24　超音波振動プラグを搭載したNCパイプベンディング装置

加工油剤のオイルミストは，中間ホーン③からマンドレル (支持棒)④内部を通って，プラグ⑤前方から管内面に供給しています．プラグ超音波振動系以外の装置の構造は従来のパイプベンダとほぼ同様です．

実験に用いたパイプ材質は，炭素鋼管STKM11，ステンレス鋼管SUS304TKおよび純チタン管TTP340Cとしました．その寸法は，外径

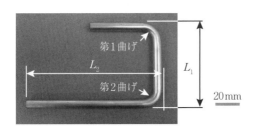

図5.25　パイプ曲げ形状および寸法測定箇所

12.7mmおよび肉厚1.0mmです．管の曲げ加工後形状と寸法精度測定位置を**図5.25**に示します．この実験では，第1曲げにおける軸引張荷重Pと曲げ位置寸法L_1，および第2曲げにおける同様のL_2寸法のばらつきとかたよりを測定し評価しています．

5.5.4　超音波引き曲げ加工の効果[4]

（1）超音波振動振幅とプラグ軸荷重変化

曲げ工程における超音波振動の振幅およびプラグ軸引張荷重の変化を測定した結果を**図5.26**に示します．上段の振幅は，加工中安定して設定した振幅となっていることが確認できます．下段の軸引張荷重は，超音波振動曲げ加工に

おいて，慣用の引き曲げ加工の場合の4kNに対して大幅に低減すること，その低減の程度は振幅に依存し，$a=5.0\,\mu m$において慣用の場合に比べて半分以下になり，$a=7.0\,\mu m$では0付近にまで低減しました．さらに，加工抵抗の変動幅が慣用加工の場合に比べて小さくなっていることもわかります．

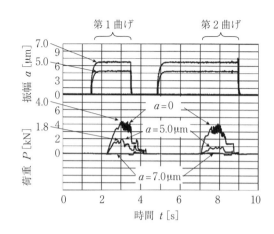

図 5.26 超音波振動振幅と曲げ荷重の変化曲線（振動数 $f=20\,kHz$，管材質：SUS 304 TK，直径 $\phi 12.7\,mm$，肉厚 $t=1\,mm$）

（2）超音波振動振幅とプラグ軸荷重との関係

ステンレス鋼管SUS 304 TKについて超音波振動振幅とプラグ軸荷重との関係をまとめた結果を**図 5.27**に示します．超音波振動による荷重低減効果は，振幅が高くなるほど顕著になっていることがわかります．荷重低減のレベルは，超音波振動を付加することにより，軸荷重が慣用の場合から振幅 $a=7\,\mu m$ で 20％以下まで低減しています．

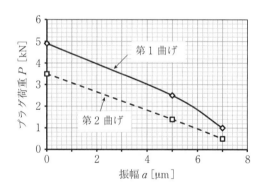

図 5.27 超音波振動振幅とプラグ軸荷重との関係（管材料：SUS 304 TK，振動数 $f=20\,kHz$，直径 $\phi 12.7\,mm$，肉厚 $t=1\,mm$）

（3）超音波振動振幅と曲げ位置精度との関係

ステンレス鋼管SUS 304 TKについて超音波振動振幅と曲げ位置精度との関係をまとめた結果を**図 5.28**に示します．ここでは，超音波振動の振幅を変

第5章 超音波振動は生産現場のこんなところに —塑性加工,その他—

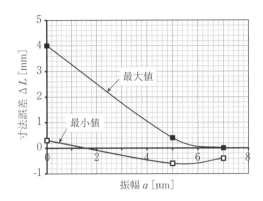

図 5.28 超音波振動振幅と曲げ位置精度との関係
(管材料：SUS304TK，振動数 $f = 20$ kHz，直径 $\phi 12.7$ mm，肉厚 $t = 1$ mm)

化させた場合の曲げ寸法 (L_2) の設定値からのかたよりとばらつき誤差を評価しています．評価本数は $n = 20$ 本です．実験の結果，プラグに超音波振動を付加することにより，ばらつきの幅は，最大で 90% 程度低減していることがわかります．一方，かたよりもプラス側から中心に近づくという結果となっています．すなわち，管の曲げ加工に対して，超音波振動を応用することにより，加工荷重が顕著に減少し，その結果，加工精度が大きく向上する効果が得られることがわかります．

5.6 超音波振動を応用した金属部品の鍛造加工

5.6.1 超音波微細鍛造法の有効性

鍛造加工品の例を 図 5.29 に示します．ここでは，自動車用ピストンやハブ部品など，比較的大型の部品が示されています．しかしながら，これらの部品の鍛造には非常に大きな加工荷重が加わります．これらの鍛造への超音波振動の適用法には，5.1 節で示した円環の呼吸振動モードを利用した超音波振動ダイの適用が考えられ，研究が続けられています．振動系の設計と超音波発振器での発振制御など高度な技術が必要

図 5.29 各種鍛造品 [昭和電工 (株)]

ですが，近い将来実現する技術であると考えられています．

ここでは，実用領域に入っている比較的小型の鍛造加工に超音波振動を適用した場合に関して説明します．鍛造ダイに超音波振動を付与することによって，1秒間に数万回の打撃を被加工材に与えながら鍛造を行うことができます．図 5.30 に，超音波鍛造（押出し鍛造の場合）の加工原理図を示します．第3章で説明した Blaha 効果やハンマリング効果によって成形性が向

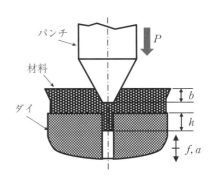

図 5.30 超音波微細鍛造方法（P：加工荷重，b：パンチ押込み深さ，h：成形高さ，f：周波数，a：振幅）

上され，加工硬化が低減されるものと考えられています．

5.6.2 L-L 型変換体と超音波振動ダイの実例

超音波振動プレス金型のダイを超音波振動させる際にも，L-L 型振動変換体を利用することができます．すなわち図 5.31 に示すように，縦振動系は，一般的に図 (a) に示すように超音波振動子，振幅拡大ホーンおよび工具といった直列配列が基本となります．それに対して，L-L 型振動変換体を利用することにより，図 (b) に示すように超音波振動子と振幅拡大ホーンは横方向に配置し，十字型変換体を介して横方向の縦振動を縦方向の縦振動に変換するこ

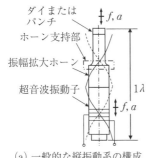
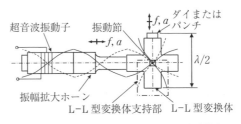

(a) 一般的な縦振動系の構成　　(b) L-L 型振動変換体を利用した振動系構成

図 5.31 十字型振動変換体の構成および駆動例

とが可能となります．これは，プレス機械のダイハイトに制限がある場合に，金型の高さを小さくしたいときに有効です．実際に製作した微小鍛造金型の例を 図 5.32 に紹介します．図 (a) は周波数 38 kHz の微小鍛造用金型で，図

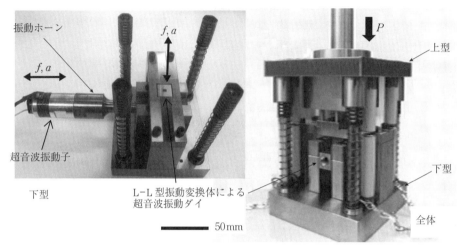

(a) 38 kHz 微小鍛造金型

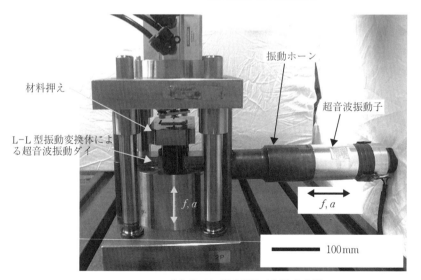

(b) 20 kHz 微小鍛造 / 打抜き金型

図 5.32　L-L 型振動変換体を利用したプレス金型の実際

(b) は周波数 20 kHz を利用した同様の金型です.

鍛造加工は，高い振動エネルギーを必要とします．L-L 型振動変換体は，その際に，超音波振動子の本数を増やして振動パワーを増大するための装置としても利用することができます．その基本構造を **図 5.33** に示すように，L-L 型振動変換体の 3 本の腕に超音波振動子を設置し，残りの 1 本の腕にパンチやダイを設置することにより，3 本の超音波振動子のパワーを合成して 3 倍の振動エネルギーを利用することができるようになります．この L-L 型振動変換体の金型への設置やプレス荷重を受ける方法は，中心の振動節を利用するか，あるいは横方向の腕の根元部分を受けるようにします．

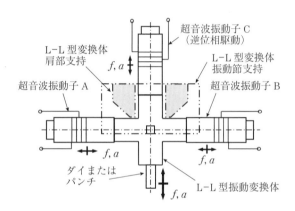

図 5.33 L-L 型振動変換体による振動パワーの合成例

5.6.3 超音波鍛造の効果

超音波押出し鍛造における成形形状を観察した結果を **図 5.34** に示します．この加工におけるダイ穴形状は $\phi 0.5\,\mathrm{mm}$ であり，慣用鍛造の場合では，成形高さが加工荷重の増加とともに徐々に高くなっていることがわかります．それに対し，超音波振動を付与した場合では，成形の立ち上がりが早く，成形高さが加工荷重が 400 N を越えたあたりから急激に高くなっていることがわかります．なお，超音波振動を付与した場合において，加工荷重 1000 N のときの観察結果がないのは，材料を打ち抜いてしまったためです．

加工荷重 P と成形高さ h との関係を **図 5.35** に示します．慣用鍛造の場合

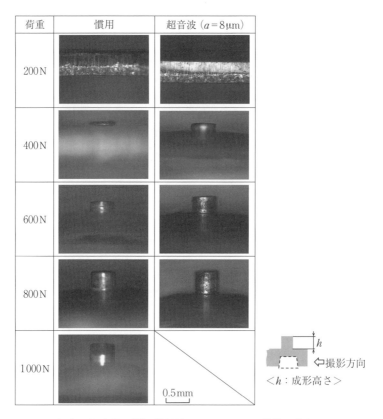

図 5.34　押出し鍛造品の外観 (製品径：$\phi 0.5\,\mathrm{mm}$，工作物：黄銅 C 2801 P，素材板厚 $t = 0.5\,\mathrm{mm}$，振動数 $f = 20\,\mathrm{kHz}$，振幅 $a = 8\,\mu\mathrm{m}$)

では，加工荷重 400 N 付近から成形が立ち上がっています．すなわち，はじめに弾性変形が生じ，降伏荷重を越えるところから塑性変形となり，成形が開始されるわけです．それに対し，超音波振動を付与した場合では，200 N 以下の段階から成形が立ち上がり，低い加工荷重で成形できていることがわかります．すなわち，慣用鍛造の場合における降伏荷重よりも低いところから塑性変形が開始していることがわかります．全体的に加工荷重に対しての成形高さが高く，加工荷重 500 N 付近では成形高さが，慣用鍛造に比べ 2 倍程度に大きくなっています．

　超音波鍛造した製品の断面の硬さ分布を測定しました．その結果を 図 5.36

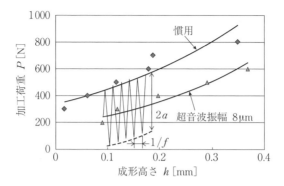

図 5.35 加工荷重 P と成形高さ h との関係(製品径：$\phi 0.3$ mm，工作物：黄銅 C2801P，素材板厚 $t = 0.5$ mm，振動数 $f = 20$ kHz，振幅 $a = 8$ μm)

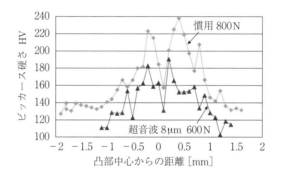

図 5.36 成形品中心断面の硬さ分布(製品径：$\phi 0.3$ mm，工作物：黄銅 C2801P，素材板厚 $t = 0.5$ mm，振動数 $f = 20$ kHz，振幅 $a = 8\mu$m)

に示します．実験に使用した材料の硬さは 120 HV 程度です．金属材料は，一般的に加工ひずみを受けると硬度が増します．それを加工硬化と呼んでいますが，押出し鍛造の場合は，立ち上がりの根元部分で最も加工硬化が大きくなります．慣用鍛造の場合では，成形品頂点部で 240 HV 程度となりました．それに対して超音波振動を付与した場合では，成形品頂点部で 190 HV 程度となり，超音波振動を付加することにより加工硬化が低減しました．また，加工硬化の範囲も小さくなっていることがわかります．すなわち，超音波振動を付与

した鍛造加工においては，加工硬化が低減し，かつその範囲が局所的になることが知られています．

四角形状の密閉鍛造における成形形状を観察した結果を**図 5.37**に示します．その結果でも，超音波振動を付与した場合のほうが，慣用鍛造の場合に比べ，はるかに小さな加工荷重で成形できることがわかります．また，型からのはみ出しによるバリが大きくなる傾向にあることもわかります．

加工荷重 P	慣用	超音波 ($a=7\mu m$)
200 N	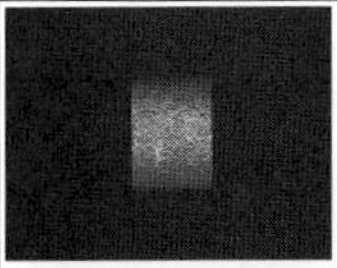	
300 N	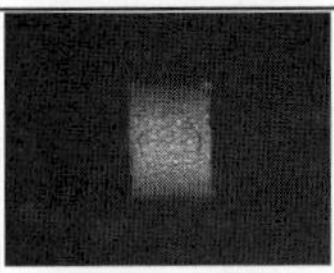	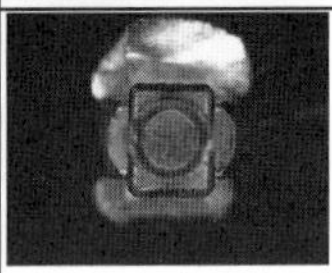
500 N	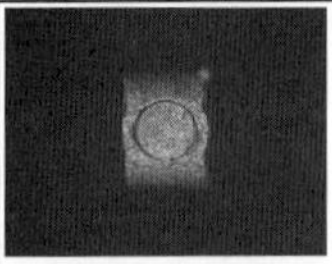	
1000 N		
2000 N		

図 5.37 四角形状鍛造品の成形状況（工作物：純アルミニウム A 1050，振動数 $f=20\,\mathrm{kHz}$，振幅 $a=7\,\mu\mathrm{m}$）

5.7 超音波振動による金属の接合

5.7.1 金属を接合するということ

鉄鋼材料やアルミニウムなど，金属部品は工業製品のすべてに利用されているといっても過言ではありません．では，金属と金属はどのように接合するのでしょうか．金属接合法には，**図 5.38** に示すように，ボルト・ナット，リベットなどの機械的接合法と，金属を溶融させるなどして金属同士を直接融合させる冶金的接合法とに大別できます．さらに，冶金的接合法は，アーク溶接，酸素-アセチレン溶接などの融接，ガス圧接などの圧接，およびろう付けなどのろう接に分類されます．

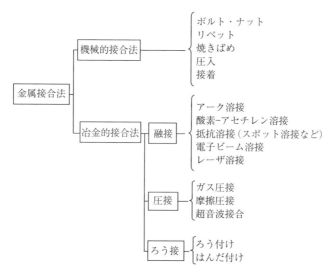

図 5.38 各種精密金属接合法

最も身近に目にするのは機械的接合法です．ボルトナットなどのねじ結合は，おねじとめねじとを締めていく方法で，簡単でコストも安く，解体も容易です．ただし，ねじという部品が必要なこと，部品にねじ穴をあける必要があること，実際に結合されているのはねじ部のみであることを理解する必要があります．特に，実際の結合部分の理解は，製品の強度を考えるうえで非

常に重要です.

　一方,冶金的接合法の中で多く用いられる金属接合法に溶接があります.溶接は,読んで字のごとく,金属を溶かして一体にする方法です.鉄鋼材料の場合ですと1500℃前後で溶けますので,接合したい部分をその温度にして,いったん溶融させた後,再び室温まで戻して固化させるわけです.ただし,1500℃の温度に上昇させるというのは簡単ではありません.それには,アークやプラズマ,電気スパーク,あるいはレーザなどが利用されます.それらの溶接装置は高価であり,手作業の場合には,作業者は相当な技能,体力,そして耐熱が要求されます.特に,原子力関係の配管などでは,ピンホールや巣などの溶接の不具合は許されません.

　比較的微小部品の精密接合法としては,レーザ溶接が多く用いられるようです.しかしながら,接合部を溶融させる溶接（融接）では,熱による変形,接合部の盛り上がり,あるいは,図5.39に示すように,溶接部,熱影響部および基材部とで結晶組織が異なるので,残留応力が発生するなどの問題点が生じます.

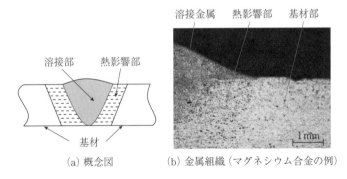

(a) 概念図　　　(b) 金属組織（マグネシウム合金の例）

図5.39　一般的な溶接部の状況

5.7.2　金属材料の超音波接合の用途

　金属の超音波接合は,古くから電線と電気端子との接合,半導体チップの内部配線をするワイヤボンディング,あるいは金属シート材の重ね合わせ接合などに利用されてきました.これまでの利用は,主として電気配線部品用途がほ

とんどとなっています．

それに対して，機械構造用途の金属部品の接合には融接が多く用いられてきました．すなわち，前述のレーザ溶接，電気抵抗溶接，あるいはアーク溶接などです．新たに超音波接合を微小金属部品の接合法として利用することにより，新しい接合技術が生まれるものと期待されています．すなわち，熱変形などの従来の溶接技術の問題点を解決し，超音波接合法の特徴である低温で，省エネルギー，かつクリーンな接合ができるようになり，微細な金属部品を高精度に高い信頼性で接合する技術となりえるものと考えられます．ここでは，超音波接合を利用した薄板の接合法について紹介します．

5.7.3 超音波接合の原理

超音波接合の原理を示します．まず，接合予定面の表面には，図 5.40 に示すように，金属素地の上に加工変質層，酸化膜，分子吸着層，および汚れなどの膜などの不活性層が存在しています．

超音波接合では，図 5.41 に示すように，接合面に塑性変形を与える程度の荷重 P を加え，超音波振動 f, a を界面に作用させて不活性層を超音波により摩擦除去し，金属新生面同士を直接接触させます．この作用により，化学的活性度の高い金属原子間は共有結

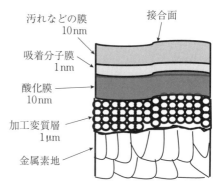

図 5.40　金属表面の例（膜，層厚は参考）

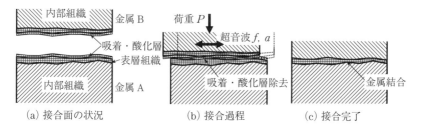

図 5.41　超音波接合のメカニズム

合するようになります．すなわち，接合部付近を完全に溶融させることなく接合することが可能となるわけです．そのため，融接のように結晶組織の大きな変化がなく，熱変形の影響が最小となり，精密接合が実現できるものと期待されます．

5.7.4 薄板の超音波接合装置および接合方法

薄板の各種の継手形態および超音波接合の実施方法を**図 5.42**に示します．図 (a) の突合せ継手の場合では，超音波振動の振動方向は板幅方向とすることで効率的な接合を実施することができます．図 (b) の T 継手の場合も，同様に超音波振動の振動方向は板幅方向とします．図 (c) の重ね合わせ接合の場合では，板面の接合領域に微小凹凸を形成し，その箇所に荷重 P を付加して接合します．この重ね合わせ接合における超音波振動の振動方向は，部材形状に合わせて任意に決定することができます．

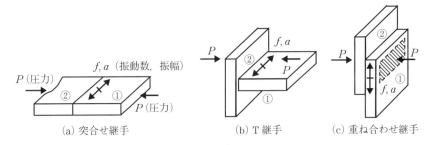

(a) 突合せ継手　　　(b) T 継手　　　(c) 重ね合わせ継手

図 5.42　板の接合形態

試作した薄板の超音波接合装置の例を**図 5.43**に示します．超音波振動は $f = 20\,\mathrm{kHz}$ とし，超音波発生装置と振動子により発生させます．超音波振動ホーンの振動端の試料クランプは，接合試料の形態によってつくり変えます．丸棒やパイプの試験片取付け用のポイント接合ヘッドを図 (c) に，板材をクランプするための板接合ヘッドを図 (d) にそれぞれ示します．接合荷重は空気圧シリンダにより与えるようになっており，この装置の荷重範囲は 20〜340 N となっています．接合時間は，タイマで設定することができますが，おおむね 0.5 s 以内で接合が完了します．

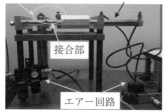

図 5.43　超音波接合実験装置

5.7.5　超音波接合の効果例
（1）丸棒のピンポイント接合

図 5.44 のような直径 $\phi 3.0\,\mathrm{mm}$ の丸棒で，接合ポイント径が $\phi 0.2\,\mathrm{mm}$ の試験片による接合実験を実施しました．接合は，材料の圧縮降伏応力を超える荷重を付加することにより，試験片凸部先端が塑性流動し，先端形状が大きく塑性変形して接合します．

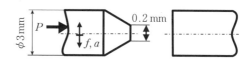

図 5.44　ピンポイント接合試験片形状（左：凸試験片，右：平試験片）

接合後の試験片の外観を 図 5.45 に示します．先端の凸部先端の材料が，主として振動方向と同方向に流動している状況が確認できます．また，材料の流動の程度は，与えた振幅の大きさに対応して大きくなっていることもわかります．

(a) $a=6.0\mu m$　　　　(b) $a=7.5\mu m$　　　　(c) $a=9.0\mu m$

図5.45 試験片接合状態外観（材料：C1100H, 荷重 $P=120\,\mathrm{N}$）

引張試験後の破断面を観察した結果を **図5.46** に示します．その結果，破断が接合面でない材料間で生じている状況が，この破断面から確認することができます．すなわち，破断面にカップアンドコーン型に類似した斜め方向の破断面が観察されます．

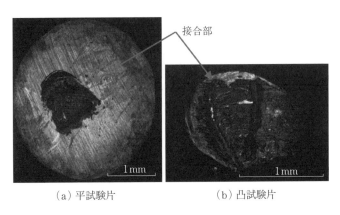

(a) 平試験片　　　　　　　(b) 凸試験片

図5.46 接合部の破断試験後の破断面性状（材料：タフピッチ銅 C1100H, 荷重 $P=120\,\mathrm{N}$, 振幅 $a=9.0\,\mu\mathrm{m}$）

超音波振動の振幅と破断強度との関係を **図5.47** に示します．公称破断強さは，F/A_0（F：最大荷重，A_0：引張試験前の接合部の直径から計算した断面積）であり，真破断強さは，F/A（A：引張試験後の実接合断面積）です．実験の結果では，振幅 $a=6\,\mu\mathrm{m}$ 以上において接合することができ，公称破断強さは，振幅に比例して高くなっていることがわかります．それに対して，真破

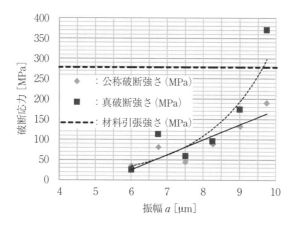

図 5.47 超音波振幅と破断強度との関係 (材料：タフピッチ銅 C1100H, 荷重 $P = 120$ N)

断強さは振幅に対する上昇率が高く，特に振幅 $a = 9.5\mu$m においては，真破断強さが材料の引張強さを超える値となっています．

（2）薄板の突合せ継手

ステンレス鋼 SUS304H 材の $t = 0.2$ mm の試験片に対して，板幅方向に超音波振動させて突合せ接合実験を実施した場合の接合品の外観を図 5.48 に示します．大きなかえりなどの発生は見られず，この場合も，高い強度で接合できることがわかっています．

超音波振動の振幅と破断強度との関係を調べた結果を図 5.49 に示します．振幅 $a = 3\mu$m 程度から接合できるようになり，$a = 5\mu$m において破断強度が母材強度を超える結果となりました．それ以上の振幅では，接合部が赤熱して，接合後では接合部が酸化してしまう現象も確認されました．一方，振幅が $a = 7\mu$m を超えると，破断強

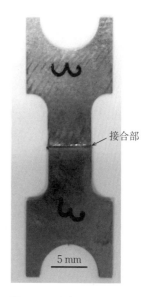

図 5.48 突合せ継手の製作例（板材質：SUS304H, 振動数 $f = 20$ kHz, 荷重 $P = 0.6$ MPa, 接合時間 $t = 0.3$ s)

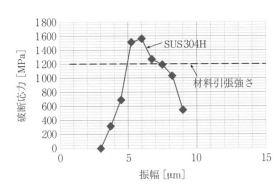

図 5.49 SUS304H 薄板接合における板幅方向振幅と破断応力との関係 (振動数 $f = 20\mathrm{kHz}$, 圧力 $P = 0.55\mathrm{MPa}$, 接合時間 $t = 0.3\mathrm{s}$)

度が低下してきます.その原因として,いったん接合された接合面が,超音波振動の振幅の動きにより破断されてしまうことも,接合面でのクラックの確認などから推測できています.すなわち,最適な接合条件が存在することがわかります.

(3) 薄板のT継手

SUS304H 材の $t = 0.2\mathrm{mm}$ の試験片に対して,板幅方向に超音波振動させて,振幅 $a = 5\mu\mathrm{m}$,接合荷重 $P = 270\mathrm{N}$ (面圧 $1350\mathrm{MPa}$),および接合時間 $t = 0.3\mathrm{s}$ と設定した場合のT継手品の外観を**図 5.50**に示します.設定した接合荷重においては,振幅が $a = 4 \sim 6\mu\mathrm{m}$ の範囲において接合サンプルの製作が可能となりました.この結果は,突合せ接合における実験条件とほぼ同様です.

従来,電線や電気端子の接合法として用いられてきた超音波接合法を微小な金属部品の接合に用いる技術開発の状況を紹介しました.今後,発展していく技術であると考えます.

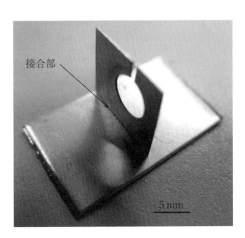

図 5.50 T継手の製作例 (SUS304H,振動数 $f = 20\mathrm{kHz}$,荷重 $P = 0.6\mathrm{MPa}$,接合時間 $t = 0.3\mathrm{s}$)

5.8 金属の表面改質や鋳造への応用

　材料表面に圧縮残留応力を与えると，疲労強度の向上や応力腐食割れ抑止，溶接引張残留応力の低減などの好ましい効果が期待できます[5],[6]．

　そこで，圧縮残留応力を与えたい材料表面を液中に沈め，そこに超音波を送り込むとキャビテーションが発生し，硬質粒子を表面にぶつけるショットピーニングに似た効果が生まれるといわれています[5],[6]．これは，超音波キャビテーションピーニングと呼ばれています．ショットピーニングほど強い圧縮残留応力を発生しない反面，固体同士の衝突によるディンプル形成は避けられて最表面のダメージ層が形成されることはなく，表面が粗くなることはないという利点もあります．軟質金属，たとえばアルミニウム合金などに適用されています．約 100 MPa の圧縮残留応力になります．

　金属を鋳造する際に，溶湯に超音波振動を付加することによって結晶粒の微細化，脱ガス，分散作用を促し，金属の諸性質を改善する可能性があることを示していて，超音波鋳造と呼ばれています[7]．その理由として，凝固中に生成した針状結晶が超音波によって破壊されるという説，超音波により結晶核の生成が促進され結晶粒が微細化するという説，超音波に起因するキャビテーションによって生じる金属蒸気の泡が破壊するときに，融点に達しない温度下でも酸化物介在物が破壊されるという説などがあります．

5.9 超音波振動を加工に応用するときの留意点

　さて，これまでに，第 4 章では超音波振動を応用した切削，研削および研磨加工に関して，第 5 章では同様に塑性加工その他に関して，それぞれの具体的事例を紹介してきました．最後に，超音波振動を加工に応用するに際して，共通して気をつけておきたい点，トラブルがあった際に点検してほしい点，あるいは，今後も課題として残りそうな点などに関して，いくつか整理しておきたいと思います．

5.9.1 負荷を受けたときの工具の超音波振動の振幅

　超音波振動加工を行う前に工具（ドリル，エンドミル，砥石など）の振幅をレーザドップラ振動計などを用いて測定しますが，一般にこれは無負荷の状態

で行われます．しかし，実際に加工を行うときは，工具に切削抵抗や研削抵抗などの負荷がかかります．このとき，超音波振動の振幅に変化は生じないでしょうか？ 元 九州工業技術研究所の道津 毅らは，「非回転の軸方向超音波振動工具に，軸方向抵抗を負荷すると抵抗値の増加につれて振幅が減少する(**図 5.51**)」ことを明らかにしています．実際に，超音波振動する工具を用いて種々の加工を行う技術者や研究者は，このことを知って加工に臨む必要があります．

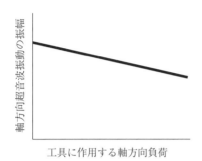

図 5.51 工具への軸方向負荷に対する超音波振動振幅の変化（道津ら）

振幅は，第3章でも述べたように，超音波振動切削・研削，あるいは超音波塑性加工における加工特性に最も大きな影響を与える因子です．もう一つの影響因子に周波数がありますが，これは，軽い負荷の状態では，一般的に加工中の変動はごくわずかです．しかしながら，振幅は 0～100 % まで大きく変化する懸念があります．超音波振動加工をしていたつもりが，実際には振動が出ていなかったといった，笑うに笑えない失敗もときどき耳にします．

加工中の振幅をモニタリングする方法の一つに，振動子を駆動する発振電流値（交流波形）を見る方法があります．ここで，第2章の表 2.2 を思い出してください．この表によると，振動速度は電流に比例します．すなわち，電流値が一定であれば，振動速度 v すなわち振幅 a は変化していないといえます（$v_{max} = 2\pi a f$ なので，f が一定であれば，振幅は振動速度に比例します）．

5.9.2 負荷を受けたときの超音波振動の周波数

超音波振動を塑性加工に応用する場合，その加工力は，切削加工や研削加工に比べてはるかに大きな値となります．超音波振動系に大きな負荷が加わった場合，振幅のみではなく振動数が大きく変化してしまう場合があります．特に，超音波振動を塑性加工へ応用する場合には，留意しておく必要があります．

ここでは，なぜ大きな負荷が加わった場合に周波数が変化してしまうのか，

5.9 超音波振動を加工に応用するときの留意点

その対応法はどのようにすればいいのかに関して、考え方を説明しておきたいと思います.

まず、第 1 章の図 1.12 および式 (1.7)〜(1.12) をもう一度振り返ってみます. 単振動の基本式から、固有振動数 f_0 は次式で表されます.

$$f_0 = \frac{1}{2\pi}\sqrt{\frac{k}{m}} \quad (1.12\,\text{再掲})$$

この式から、振動系のばね定数 k が大きくなると固有振動数 f_0 が高くなり、質量 m が大きくなると、逆にそれが低くなることがわかります. では、ばね定数 k が大きくなったり、質量 m が大きくなったりする要因は何でしょうか？ 塑性加工の場合、材料の金型への充てん、材料の流動、金型内面への面圧の増加、摩擦あるいは発熱などが複合して発生し、その強弱は加工形態によって大きく異なります. 要因を絞り込むことは非常に難しいというのが正直な答えです.

しかしながら、図 5.52 に示すように、ある程度の指針を示すことはできます. 図 (a) は、金型に材料が充てんされた様子を表していますが、この場合、

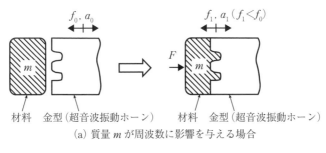

(a) 質量 m が周波数に影響を与える場合

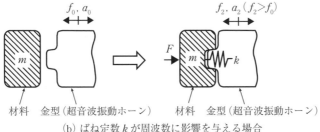

(b) ばね定数 k が周波数に影響を与える場合

図 5.52 塑性加工における加工負荷が周波数に与える影響

金型壁面と材料間に相対的なずれが生じないとすれば，金型振動系に，材料に相当する質量 m が追加されたとみなすことができます．すなわち，共振周波数 f_0 が大きく下がる現象が生じます．図 (b) は，金型振動系が材料に拘束されて動きにくくなっている場合を表現しています．この場合は，ばね定数 k が大きくなったとみなされ，共振周波数は高くなっていきます．あるいは，図 (b) のような状況では，金型と材料同士が擦りあい，高い摩擦熱が発生する状況も考えられます．この場合は，金型振動系が軟化し，ばね定数 k が下がったとみなされ，共振周波数は低下していきます．

以上は，図 (a) と図 (b) に分類して表現しましたが，実際には，それらが複合して発生しているわけで，その状況判断は難しいところです．いまのところ，勘と経験を磨くしかないかも知れません．

5.9.3 超音波振動の漏洩と防止

超音波振動を回転工具（ドリル，エンドミル，砥石など）に付加して種々の加工を行う場合，主軸は「超音波振動子，ホーンおよび工具ホルダ」全体を節点（ノード）で支持しますので，超音波振動は節点を通して理論的には漏れないはずです．しかし，節点が実際には，ずれていたり（節点は理論的な点ではなく一般的に幅をもっています），また，図 2.26 にも示したように，横ひずみの影響によりホーンなどは半径方向に伸縮します．そのため，超音波振動が外部に漏れることになります（**図 5.53**）．このように，漏れた超音波振動によってころがり軸受などに作用する応力がある限界値を超え，しかも応力の変動回数が $10^5 \sim 10^7$ 回（十万回〜千万回）に達すると，疲労破壊（いわゆる金属疲労）を起こして軸受の転動体や転送面などが傷み，故障や破壊を引き起こす可能性がありますので，注意が必要です．

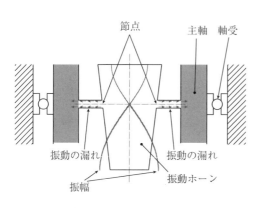

図 5.53 接点付近における超音波振動の漏れ

この漏れを防止する一つの

手段は，伝達経路に，1.2節で説明しました．

　　　　固有音響インピーダンス＝密度×音速

の異なる材料を介在させることです．つまり，超音波は固有音響インピーダンスの変化があるところで反射して戻ってくるという特性がありますから，たとえばホーンと主軸を接続する箇所に固有音響インピーダンスの異なる材料を挟むことによって，そこで超音波はほとんど反射し，軸受などに漏れることはきわめて少なくなります．

もう一つ，振動節のフランジ形状を **図 5.54** のように工夫する方法もあります．図のような形状とすることによって，半径方向の動きをある程度吸収することができるようになります．ただし，フランジの剛性は低下しますので，状況に応じて利用するのかしないのかの判断，あるいは詳細寸法を設定する必要があります．

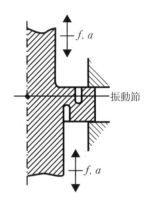

図 5.54 振動節フランジの形状の工夫

5.9.4　超音波振動旋削装置の形式

超音波振動を援用して旋削に適用する場合のシステムにおいて，安定な切削を行うためには，超音波振動を付加しない場合と同様，背分力方向の剛性が高い方式が望ましいということです．すなわち，切込み方向の剛性を高めることによって切削の安定性が増すのです．これを図示しますと，**図 5.55** (a)～(c)のようになります．(a)は，主分力方向剛性に比べて背分力方向剛性が低いため，主分力が背分力より大きいとはいえ，背分力方向の変位により切込みの変動を生じやすく切削が不安定になりやすいといえます．これに対して，(b)と(c)は，主分力剛性より背分力方向剛性が高く，(a)に比べてより広い（あるいは厳しい）切削条件での切削が可能になることが多いのです．

ただし(b)の場合は，切れ刃のたわみ振動の方向が中立の位置から右上・左下の方向になりがちで，主分力方向の振動に修正するためにはバイトのシャンク後方を高く上げてセットする必要が出てくるため，取扱いやすさにやや難があります．これに対して，(c)は背分力方向剛性が高く，切削の安定性が高いというメリットがあります．ただし，ねじり振動を適用しているので，最大

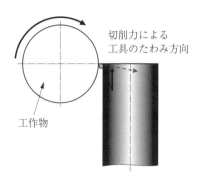
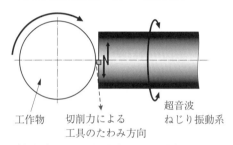

図 5.55　各種超音波振動旋削装置

振幅時にわずかに背分力方向振動変位を伴うという，一見デメリットと思える現象を伴います．これは，バイト逃げ面が被削面を頻繁に軽打する，いわゆるショットピーニング効果ともいうべき作用を生じ，被削面に圧縮残留応力を残すという好ましい効果を生む一つの原因となります．

以上をまとめると，旋削に適用する超音波振動切削装置の方式としては，図 5.55 (c) のねじり振動方式がベストであると著者の一人は考えます．

参考文献

1) 森　栄司・井上昌夫：「超音波振動を利用した金属及び合金の圧延と線引」, 日本金属学会会誌, **7**, 1 (1968) pp.29-31.
2) 伊藤勝彦・森　栄司：「振動方向変換体の研究 (L-L 形変換体)」, 日本音響学会誌, **28**, 3 (1972) pp.127-135.

3) 長久保眞一・阿部正美・大木哲也・神　雅彦:「超音波振動応用コイルばね製造技術」, ばね論文集 2011, 日本ばね学会, No.56 (2011) pp.19-24.
4) 湯原正籍・星野　誠・和田　修・磯　幸男・神　雅彦:「超音波振動プラグによる管引き曲げ加工に関する研究」, 塑性と加工, **53**, 618 (2012) pp.56-60.
5) 祖山　均 ほか:「キャビテーション・ショットレス・ピーニングによる金属材料の疲労強度向上」, 自動車技術会論文集, **34**, 1 (2003) pp.101-106.
6) 中川昌幸・渡辺健彦:「水中超音波照射による金属材料表面への圧縮残留応力の付与」, 溶接学会論文集, **22**, 4 (2004) pp.587-594.
7) 朴　鎮黙 ほか:「超音波鋳造」, 生産研究, **17**, 8 (1965) pp.195-216.

索　引

ア　行

アクチュエータ ……………………… 25
アスペクト比 ………………… 124, 139
圧延 …………………………………… 151
圧縮応力 …………………………… 108
圧電効果 ……………………………… 24
圧電セラミックス …………………… 29
穴加工 ……………………………… 139
アプローチ部 ……………………… 155
アルミナ砥石 ……………………… 144
一端固定他端自由 …………………… 13
上向き研削 …………………………… 84
うなり ………………………………… 64
円すい形状ホーン …………………… 55
円すいらせん型 …………………… 121
円すいらせん型切りくず ………… 121
延性材料 …………………………… 137
延性モード …………………………… 84
エンドミル ………………………… 114
横断方向超音波振動引抜き法 …… 161
送り分力方向振動切削機構 ……… 114
押出し ……………………………… 151
音響光学変調器 ……………………… 60
音叉 …………………………………… 12
音速 …………………………………… 4

カ　行

壊食 …………………………………… 15
回折 …………………………………… 61
加工機構 …………………………… 136
加工硬化 ………………………108, 179
重ね合わせ接合 …………………… 184
可聴音 ………………………………… 1
カップアンドコーン型 …………… 186
カップ型砥石 ……………………… 142
金型切削 …………………………… 120
機械振動 ……………………………… 35
機械的接合法 ……………………… 181
カラードップラ法 …………………… 6
干渉 …………………………………… 62
気泡核 ………………………………… 15
基本振動数 …………………………… 52
逆圧電効果 …………………………… 26
逆電歪効果 …………………………… 40
キャビテーション ……… 15, 148, 189
キャピラリ …………………………… 20
キュリー点 …………………………… 30
共振 ………………………………… 9, 11
強制振動 ……………………………… 11
凝着 …………………………………… 83
魚群探知機 …………………………… 4
き裂 …………………………………… 82
金線 …………………………………… 20
金属管 ……………………………… 153
金属細線 ……………………………… 67
空気静圧軸受 ……………………… 116
クーロン摩擦 ………………………… 89
隈部淳一郎 …………………………… 66
傾斜面 ……………………………… 126
研削温度 …………………………… 135
研削油 ……………………………… 139
コアドリル ………………………… 138

コイリング ······················· 165
コイル ····························· 36
コイルばね ······················· 165
工具摩耗 ························ 119
構成刃先 ················· 103, 112
コーナキューブ ··················· 62
呼吸振動モード ················ 158
極微細切削 ····················· 103
固定砥粒 ························ 136
固有音響インピーダンス ······ 4, 8, 193
固有角振動数 ····················· 11
固有振動数 ················ 9, 11, 37
コレットチャック ·········· 131, 191
コンデンサ ······················· 36

サ 行

最高振動速度 ··················· 107
再生びびり振動 ················ 124
最大高さ粗さ ··················· 111
錆 ································· 110
参照光 ···························· 60
残留応力 ············ 105, 106, 182, 189
ジグ ······························ 126
軸方向振動 ····················· 129
軸方向超音波振動引抜き法 ···· 157, 161
自己インダクタンス ·············· 36
しごき加工 ····················· 151
指数型ホーン ····················· 55
湿式研削 ························· 83
シャルピー衝撃試験 ·············· 69
自由振動 ························· 12
周波数 ··················· 1, 131, 190
主運動方向 ····················· 105
主き裂 ···························· 82

主分力方向超音波振動切削 ······ 72
瞬間停止 ························· 83
純チタン ························ 172
ショットピーニング ············· 110
自励振動 ························ 124
磁歪振動子 ······················· 34
心エコー ··························· 5
真実接触面積 ······················ 7
振動 1 サイクル中の切削長さ ······ 74
振動応力 ························· 86
振動変位 ························· 86
振動節フランジ ·················· 54
振動モード ····················· 109
振幅 ······················· 54, 131
振幅拡大率 ················ 54, 55
水晶 ······························ 24
水晶振動子 ······················· 27
水溶性研削油 ··················· 139
すくい角 ························ 121
ステップ送り ··················· 124
ステップホーン ············ 55, 171
ステンレス鋼 ··················· 172
ステンレス鋼薄肉管 ············ 163
すり割りコレット ················ 130
スローアウェイチップ ············ 97
成形砥石 ··················· 136, 144
脆性材料 ························ 142
脆性破壊 ························· 84
脆性モード ······················· 84
正電歪効果 ······················· 40
絶縁ゲート・ドライブ回路 ······ 45
切削温度 ························ 109
切削方向振動 ··················· 130
切削力 ·························· 102

索引

切断砥石 …………………………… 143
せん断角 …………………………… 101
せん断加工 ………………………… 151
せん断降伏応力 …………………… 108
せん断ひずみ ……………………… 106
せん断摩擦 ………………………… 90
線膨張係数 ………………………… 109
塑性加工法 ………………………… 151
塑性変形 …………………………… 183
外丸削り …………………………… 105
損失係数 …………………………… 12

タ 行

ダイシング ………………………… 143
第二き裂 …………………………… 82
楕円振動切削法 …………………… 80
縦振動系バイト …………………… 95
縦振動子 …………………………… 32
縦弾性係数 …………………… 49, 109
縦波 ………………………………… 4
ダメージ …………………………… 82
たわみ ……………………………… 118
単振動 ……………………………… 10
弾性表面波 ………………………… 61
単石ダイヤモンドドレッサ ……… 146
鍛造加工品 ………………………… 174
炭素鋼 ……………………………… 172
段付きホーン ……………………… 54
断面曲線 …………………………… 111
チゼルエッジ ………………… 121, 122
チタン合金 ………………………… 128
チタン酸ジルコン酸鉛 …………… 30
チタン酸バリウム ………………… 29
チッピング …………………… 79, 141

鋳造 …………………………… 151, 189
超音波 ……………………………… 1
超音波アロマディフューザ ……… 20
超音波押出し鍛造 ………………… 177
超音波カッタ ……………………… 132
超音波加工 ………………………… 136
超音波キャビテーションピーニング ··189
超音波顕微鏡 ……………………… 7
超音波コイリング ………………… 166
超音波しみ抜き機 ………………… 19
超音波シリコンマイクロフォン … 63
超音波振動 ………………………… 19
超音波振動穴加工 ………………… 140
超音波振動援用放電研削 ………… 147
超音波振動研削 …………………… 138
超音波振動研磨 …………………… 136
超音波振動コイリングピン ……… 167
超音波振動子 …………………… 24, 39
超音波振動主軸 …………………… 115
超音波振動切削法 ………………… 66
超音波振動切削用バイト ………… 94
超音波振動砥粒加工 ……………… 136
超音波振動ドレッシング ………… 144
超音波振動プラグ ………………… 163
超音波振動放電加工 ……………… 147
超音波振動ホーン ……………… 24, 46
超音波振動ポリシング …………… 137
超音波振動ラッピング …………… 136
超音波スピンドル ………………… 46
超音波接合 ………………………… 183
超音波切断 ………………………… 132
超音波センサ ……………………… 8
超音波洗浄器 ……………………… 17
超音波鋳造 ………………………… 189

超音波彫刻刀 …………………………134
超音波ねじり振動 ……………………105
超音波歯ブラシ ………………………18
超音波美顔器 …………………………18
超音波包丁 ……………………………133
超音波霧化 ……………………………20
超音波メス ……………………………135
超音波溶着ホッチキス ………………19
ツイストドリル ………………………121
突合せ継手 ……………………184, 187
低温脆性 ………………………………69
低温切削 ………………………………69
定常波 ……………………………47, 57
転位 ……………………………………88
電荷結合素子 …………………………62
電気振動 ………………………………35
電気容量 ………………………………36
電着 ……………………………………138
電鋳 ……………………………………138
砥石軸方向振動穴研削 ………………138
砥石軸方向振動穴内面研削 …………142
砥石軸方向振動平面研削 ……………142
砥石軸方向振動溝研削 ………………141
砥石半径方向振動切断研削 …………143
等価電気回路 …………………………41
導電体 …………………………………28
ドップラ効果 …………………………59
砥粒加工 ………………………………135
ドリル …………………………………121
トルク …………………………………123
トロコイド曲線 ………………………84

ナ 行

内部減衰 ………………………………12
内面研削 ………………………………142
ネコ除け ………………………………16
ねじり振動型ボルト締めランジュバン
　タイプ振動子 ………………………99
ねじり振動系バイト …………………98
ねじり振動子 …………………………32
ねじり振動ホーン ……………………57
ねじり波 ………………………………4
ねじれ刃ドリル ………………………121
熱圧着方式 ……………………………19
熱応力 …………………………………109
熱間鍛造 ………………………………152
熱き裂 …………………………………135

ハ 行

背分力方向振動切削機構 ……………115
破壊 ……………………………………82
破壊強度 ………………………………82
破砕 ……………………………………82
刃先丸み半径 …………………………134
刃直角刃物角 …………………………134
波動方程式 ……………………………50
ばね定数 ………………………………192
刃物角 …………………………………133
腹 ………………………………………43
パラメトリックスピーカ ……………17
張出し …………………………………151
パワー・スイッチング回路 …………45
パワーMOS FET ………………………45
半径方向超音波振動引抜き法 …158, 161
反射係数 ………………………………4
反転仕上げ切削 ………………………67
ハンマリング効果 ……………………88
ビート音 ………………………………64

非円形砥石 …… 143	平均切削速度 …… 107
光ディテクタ …… 60	平面研削 …… 142
引切り …… 133, 134	ペット樹脂 …… 132
引抜き加工 …… 151	ヘリカル送り …… 139
引き曲げ加工 …… 170	ヘリカル補間 …… 140
微小破砕 …… 81	変形能 …… 88
引張応力 …… 105	放電加工 …… 146
引張残留応力 …… 113	放電研削 …… 148
引張試験 …… 87	放電ツルーイング …… 147
ビトリファイドボンドダイヤモンド	飽和蒸気圧 …… 15
砥石 …… 147	ボールエンドミル …… 114
びびり振動 …… 118	ポール・ランジュバン …… 24, 27
表面粗さ …… 103	歩行現象 …… 124
表面改質 …… 189	ボルト締めランジュバン型電歪振動子 30
表面波 …… 4	ポンピング作用 …… 139
疲労破壊 …… 192	
ブースタ …… 46	**マ　行**
深絞り …… 151	曲げ加工 …… 151
不感性振動切削機構 …… 76	曲げ振動型ボルト締めランジュバン
腹部エコー …… 6	タイプ超音波振動子 …… 97
節 …… 43, 192	曲げ振動系バイト …… 95, 97
ブシュ …… 126	曲げ振動子 …… 33
フライス …… 84	曲げ振動ホーン …… 55
プラグ …… 170	摩擦せん断応力 …… 89
プラグ軸引張荷重 …… 172	摩擦抵抗 …… 89
プラスチック …… 153	マンドレル …… 170
ブラッグ回折 …… 61	密閉鍛造 …… 180
ブラッグセル …… 61	霧化作用 …… 20
振れ回り …… 124	めがね洗浄器 …… 18
分極処理 …… 30	メタルボンド …… 138
分周 …… 64	目づまり …… 139
噴流 …… 15	面取り …… 144
ベアリング …… 155	モスキート(蚊)音 …… 17
ベアリング長さ …… 155, 163	

ヤ 行

焼きばめチャック ……………116, 131
冶金的接合法 ……………………181
有効刃物角 ………………………134
誘電体 ……………………………29
遊離砥粒 …………………………136
遊離砥粒加工 ……………………136
溶接 ………………………………182
横波 ………………………………4

ラ 行

ライフリングマーク ……………124
ランジュバン型振動子 …………28
リダクション ……………………164
両端固定 …………………………13
両端自由 …………………………13
臨界切込み深さ …………………85
臨界切削速度 ………………73, 100
臨界引抜き速度 …………………162
冷間鍛造 …………………………152
レーザ測長器 ……………………62
レーザドップラ振動計 ……59, 109
レーザ溶接 ………………………182

ろう接 ……………………………153

ワ 行

ワイヤボンダ ……………………153
ワイヤボンディング …………19, 182

英数字

Blaha 効果 ………………………86
CCD ………………………………62
CMP 加工 ………………………144
ESWL ……………………………22
FRP ………………………………132
Lang の実験式 …………………21
L-L 型振動変換体 …………159, 175
MEMS マイク …………………63
NA 型超音波振動子 ……………33
PCD ………………………………147
PLL 発振回路 …………………44
PSD ………………………………62
PZT ………………………………30
T 継手 ………………………184, 188
2 分割ダイ ………………………160
2 ほう化チタン …………………147

あとがき

　超音波振動切削にはじめて出会ったのが大学2年の学生実験のときでした．隈部教授は，自ら工作機械を動かし，普通切削と超音波振動切削との違いを教えてくださいました．そのときの実験試料は，いまでも大切に研究室に保管してあります．共著者の鬼鞍宏猷は，研究者としての大先輩であり，長年，この分野の研究において切磋琢磨してまいりました．6年ほど前に，この技術をもっとわかりやすく解説する本を書きたいという構想をいただき，それに賛同し，お互いに推敲を重ね，ようやく今日に至りました．

　超音波振動切削に関する成書は，1979年に発刊された創始者である隈部淳一郎博士による「精密加工・振動切削 —基礎と応用— (実教出版)」のみであろうと思われます．微力ながらも，それに続く進展をまとめ，新しい世代へのバトンタッチができたという喜びを感じております．

　なお，本書の内容は，研究における諸先輩方のご指導およびともに研鑽を積んだ技術者諸氏のご尽力による結晶であります．ここに厚くお礼申し上げます．

平成27年1月　　神　雅彦

　超音波振動切削や超音波振動研削の研究開発を始めるきっかけをつくってくださった(株)岳将の岳 義弘会長と，元 九州工業技術研究所の道津 毅様，ご指導いただいた多くの先生方，超音波振動システムの設計や超音波振動加工について有意義な情報を提供してくださった企業の(株)岳将, 富士工業(株), 本多電子(株), 多賀電気(株)の皆様，多くの支援をしていただいた(株)キラ・コーポレーションおよび同社 元部長の小林明義様，ならびにともに研究開発を推進してきた宮崎大学 准教授大西 修様，実験的研究に協力していただいた九州大学の元・現教職員，学生の皆さんに心から感謝申し上げます．

　終わりに，この拙書の出版を決断し，多大なご配慮をいただいた(株)養賢堂の社長 及川 清様および前専務 三浦信幸様に深甚の謝意を表します．

平成27年1月　　鬼鞍 宏猷

— 著者略歴 —

鬼鞍宏猷(おにくらひろみち)

1947 年 福岡県に生まれる
1976 年 九州大学大学院工学研究科博士課程修了
現　在 株式会社 キラ・コーポレーション 顧問
　　　 九州大学 名誉教授 工学博士
　　　 精密工学会 フェロー

神　雅彦(じん　まさひこ)

1963 年 青森県に生まれる
1988 年 宇都宮大学 大学院工学研究科 修士課程修了
現　在 日本工業大学 機械工学科教授 博士 (工学)

JCOPY ＜（社）出版者著作権管理機構 委託出版物＞

2015
やさしい 超音波
振動応用加工技術

著者との申し合せにより検印省略

ⓒ著作権所有

定価（本体2500円＋税）

2015 年 2 月 6 日　第 1 版第 1 刷発行

著作代表者　鬼　鞍　宏　猷

発 行 者　株式会社　養　賢　堂
　　　　　代 表 者 及 川　清

印 刷 者　星野精版印刷株式会社
　　　　　責 任 者 入澤誠一郎

〒113-0033 東京都文京区本郷5丁目30番15号
発 行 所　株式会社 養賢堂
　　　　　TEL 東京 (03) 3814-0911　振替00120
　　　　　FAX 東京 (03) 3812-2615　7-25700
　　　　　URL http://www.yokendo.co.jp/
ISBN978-4-8425-0529-9　C3053

PRINTED IN JAPAN　　製本所　星野精版印刷株式会社

本書の無断複写は著作権法上での例外を除き禁じられています。
複写される場合は、そのつど事前に、(社) 出版者著作権管理機構
(電話 03-3513-6969、FAX 03-3513-6979、e-mail:info@jcopy.or.jp)
の許諾を得てください。